地球温暖化の経済学

西條辰義／新澤秀則／明日香壽川
平石尹彦／戒能一成／鮎川ゆりか／本郷尚 著
「環境リスク管理のための人材養成」プログラム 編

大阪大学出版会

リスク管理シリーズ　巻頭言

　リスク管理には新しい潮流が生まれています．高度技術社会において，事業や産業活動・都市活動に伴う環境や健康に与えるリスクを不確実なものととらえ，被害が生じてから対処する行動を取るのみではなく，あらかじめ予期し，未然に対応し被害を発生させない，拡大させない対応を行うことにまで，その範疇が拡大しています．地球温暖化問題の議論でも，化石エネルギーからの転換を急ぐかどうか，新規化学物質はどこまで管理を行えば安全なのか，リスクトレードオフの海のなかで，高度な意思決定に基づく管理が必要とされてきています．

　また，「高度技術社会」から「低炭素社会，循環型社会，自然共生社会，そしてリスク統治社会」へと環境面からみた社会像が切り替わるなかで，リスクの様相が変化しています．しかし，頻度や生起確率の低いリスク事象の発生の可能性を見極め，対応する施策シナリオを構想する力を身につけておくことは引き続き重要です．条件が重なりあうことで小さなリスク事象が増幅されることを踏まえ，先を見通して管理する方策が組織と構成員に求められています．近年では，地球温暖化や化学物質による健康影響などの環境リスクにとどまらず，製品中への有害物質の混入や土壌汚染などの化学物質に基づくリスク，電力・ガスなどのエネルギー供給に関連するリスク，エネルギー施設の事故などの高度技術リスクなど，その範囲も一層拡大かつ多様化しており，個別の物質あるいは技術に関する知識のみでは対応することはできません．また，リスク事象の波及影響も非常に広範囲にわたっており，新興企業の粉飾事件が株式市場の取引システムをダウンさせるといった事態までも引き起こしています．

　しかし，組織においては，これらのリスクを恐れているだけでは消

極的な経営になってしまい，対応も事後的なものとならざるをえません．積極的に経営を革新し，不確実性や制約条件は吟味すれば新たな知恵と事業機会を生み出すという視点が必要です．不確実性を確実性へと転換するサービスやビジネスを展開することによって，顧客や消費者に新たな価値を提供することこそが，本来の意味でリスクを統治した経営姿勢といえます．

「環境リスク管理のための人材養成」プログラムは，大阪大学大学院工学研究科が文部科学省科学技術振興調整費の新興分野人材養成において，高度環境管理部門として日本で初めて採択された教育プログラムです．この教育プログラムの主要な目的としては，次の2点が掲げられています．まず，大学院等における環境リスク管理の教育の向上を図り，環境リスク管理の知識と技能をもつ人材を供給することです．そして，実務に携わる者に対する研修を実施し，環境リスク管理への取組みを革新し，幅広い啓発活動を通して，企業と組織および社会の高まる期待に応えることです．

本シリーズでは，「環境リスク管理のための人材養成」プログラムで行ってきた講義の知恵を，広く一般の方に提供することを目的とし，プログラムの中核を担う講義について出版することとしました．まず，リスク対応は意思決定問題であるという認識のもと，合理的な意思決定とは何かについて方向性を示しました(第1巻)．次に，リスク分野で重要な研究分野である「マネジメント」「アセスメント」「コミュニケーション」について取り上げ，現在の日本における最先端のリスク研究の知恵を収録しました．さらに，最大のリスク問題である地球温暖化問題をはじめとするグローバルリスク政策についての課題と取り組み方向の現状を解説しています(第2巻～第5巻)．本書は，グローバルリスク政策についての課題と取り組みの現状についてまとめたものです．

高度技術社会におけるリスク対応の分析と知見をまとめ，わかりやすく提供することによって，本シリーズが現在の日本におけるリスク

研究のマイルストーンとなり，社会でのリスク対応の裾野を広げ，理解の深化が進むことを願っております．

　　　　　　　　　「環境リスク管理のための人材養成」プログラム
　　　　　　　　　　　研究代表　盛岡　通

グローバルリスクへのアプローチ

■ 地球温暖化の様相

　気候変動は不確実性と不可逆性が高く，社会経済システムに重大な影響をもたらすため，その原因となる地球温暖化への対策は待った無しの課題です．しかしながら，われわれがこの重大なリスクを感覚的，直感的に感じるには，その変化があまりに緩慢であるため，想像力を保ちながらきわめて戦略的な対応が要求されています．

　温暖化のリスクは認知が困難であると同時に不確実性が高く，未知数の要素が多いといわれていますが，IPCC（気候変動に関する政府間パネル）による報告書は 1990 年の第 1 次評価報告書から 2007 年の第 4 次評価報告書まで公表され，政策決定に必要な確度の高い情報を揃えつつあります．この第 4 次評価報告書では 130 を超える国の 450 名を超える代表執筆者，800 名を超える執筆協力者，2500 名を超える専門家のレビューを経て公開されました．最新の科学の知見を結集したこの報告書により地球温暖化の様態が明らかとなってきました．

　まず，観測された 1906 年から 2005 年までの 100 年間の世界平均地上気温は 0.74℃上昇しました．この気温上昇は，とくに北半球の高緯度で大きく，また陸域は海域と比べより早く温暖化しています．そして世界平均海面水位は，熱膨張や氷河や氷帽の融解，極域の氷床融解により，1993 年以降で年間 3.1mm 上昇しています．氷雪圏への影響も大きく，氷河湖の拡大や数の増加，山岳や永久凍土地域での地盤の不安定さの増大，極域のいくつかの生態系の変化が起こってきています．積雪面積も科学の進歩により人工衛星で鮮明に解析されています．たとえば，1978 年以降の衛星データによると，北極の

年平均海氷面積は10年間あたり2.7%減少したことが明らかになりました．また，生態系への影響についても調査が進み，過去50年では1970年代後期に南極の皇帝ペンギンの生息数が50%減少していることが明らかになっています．大気中の二酸化炭素(CO_2)濃度の増加は海洋の酸性化を進行させ，1750年以降海洋のpHはすでに約0.1低下していることや，海中のCO_2濃度が高くなった場合，円石藻類の一部で炭酸カルシウム形成能力が減少することも確認されました．このようなさまざまな変化の事実をもとに，IPCCの第4次評価報告書では，「気候システムの温暖化には疑う余地がない」という踏み込んだ記述を行いました．

そしてここでは，20世紀半ば以降の世界平均気温の上昇は，その大部分が人間活動による温室効果ガスの増大によってもたされた可能性が非常に高いと指摘しています．人為起源の温室効果ガスの排出量は2004年には，490億トン（CO_2換算）となっており，1970〜2004年の間に70%増加しています．

また，世界各地の平均気温について，自然影響に人為影響を加えたシミュレーションを行うことで，はじめて実際の観測結果の説明ができるようになりました．このことは，20世紀半ば以降に観測された世界平均気温の上昇は，その大部分が，人間活動による温室効果ガスの大気中濃度の増加によって持たされた可能性が非常に高い（90%以上の確率）ことを示しています．

■ 予測される気候変化と人間・生態系への影響

IPCCの第4次評価報告書では，地球温暖化とその対策についての6つのシナリオが作成され，それぞれの場合での気候変化の予測が立てられました．このうち現在の削減政策を継続したシナリオでは，世界の温室効果ガス排出量は今後20〜30年増加し続けると予測されています．また，温室効果ガスが現在と同程度，あるいはそれ以上の割合で増加し続けるシナリオになると，21世紀にはさらなる温暖化

がもたらされ，世界の気候システムに多くの変化が引き起こされるとされています．六つの予測シナリオの範囲では，どの場合でも今後20年間に10年あたり0.2℃の割合で気温上昇すると予想されています．

さらに最近の研究では，炭素循環フィードバック効果があることが分かってきました．これは，人為的な温室効果ガス排出量の増加が引き起こす気温上昇が土壌の温度も上昇させ，土壌有機物分解が加速することにより，従来よりも多くのCO_2が土壌から放出されるということです．一方で海洋では，海洋表面の水温上昇により，海洋のCO_2取込量の低下をもたらし，大気中に残存するCO_2の増加につながるものです．このように大気の温度上昇が，自ら大気中のCO_2濃度を増加させるという正のフィードバック効果を持っていることが明らかになっています．

そして，世界のさまざまな地域におけるさまざまな影響が予測されています．アフリカでは，2080年までに気候シナリオの範囲内で，乾燥・半乾燥地域は5～8%増加すると予想され，水不足の深刻化に直面する人々は2020年までに7,500万～2億5,000万人増加し，ラテンアメリカにおいては，今世紀半ばまでに気温上昇とそれに伴う土壌水分の減少により，アマゾン東部の熱帯雨林が徐々にサバンナに変わり，半乾燥地帯の植生は，乾燥地の植生に変わる傾向ことが危惧されています．また，北アメリカでは，今世紀はじめの数十年間における中程度の温暖化は，降雨に依存する農業の総生産量を5～20%増加させると予測されています．また，長期予測ではありますが，産業革命以前と比較して1.9～4.6℃の気温上昇が数千年続くと，グリーンランドの氷床は完全に消滅し，約7mの海面上昇が引き起こされると予測されています．

■ 地球温暖化と気候変動のリスクにする対応

気候変動の原因となる地球温暖化のリスクに対しては，まずは温室

効果ガスへの対応，すなわち気候変動の緩和策が最重点課題となります．

この対応にはまず，化石燃料の使用自体を削減することがあげられます．これは二度にわたるオイルショックと公害対策の経験から我が国の得意とする分野であり，省エネルギーや公害(環境)対策技術は世界でもトップレベルで，温室効果ガス削減という意味合いでも他国より進んだ技術シーズを保有しています．たとえば，省エネタイプの照明，電気器具，冷暖房設備，ヒートポンプ，調理用加熱器具の導入など，さまざまな機器でエネルギー効率の改善がなされています．もう一つの対応には，再生可能エネルギー・新エネルギーの利用促進があります．太陽光発電，風水力発電などの自然資源や，バイオマス発電などの自然資源由来のエネルギー代替がその好条件のところで施工・運転されており，成果を挙げるとともに一段の普及のための課題も明確になってきています．その他でも廃棄物発電や熱回収技術，炭素固定技術などさまざまな取り組みが展開されています．さらには中期的にはエネルギー政策上で脱化石燃料化を進める必要があるので，それを短期的にも代替的なエネルギーの開発を実現して，マイクログリッドのような平準化のさまざまな工夫と連携させながら普及戦略を練ることが欠かせません．またこれはエネルギー源の多様化と供給源の多角化や自給率の向上などエネルギー安全保障上のリスク分散の意味でも重要です．

その一方で，気候変動に伴う影響に対して耐性のある社会経済システムをつくるという適応策があります．これは気候変動リスクが発現し，さまざまな現象が発生した場合におけるダメージコントロールを指向した戦略といえます．近年では環境省主導のもと，地球温暖化影響・適応研究委員会によって食料，水資源，生態系，防災，健康，国民生活などのさまざまな分野における適応策のビジョンが示されましたが，今後，さまざまなモデルの社会実験，コミュニティ・イニシアティブが期待されます．さらに国際的に世界的枠組みで連携していく

ためには，温暖化や地球規模の気候変動にさらされている発展途上国，経済発展国・地域(中国，インド，ロシアのシベリアなど)では，適応を考えて，事前に方策を考えながら今後の開発にその適応策を埋め込んでいくアプローチが重要です．とくに，2010年に生物多様性条約会議COP10が名古屋で開催されますが，途上国こそ気候変動に対して脆弱であり，生物資源から得られるエコシステムサービスの低下が生じ，結果として自然資源の劣化により国民の生活の質が低下せざるをえない事態を招くことが危惧されます．その意味では温暖化，気候変動，生物資源の問題は一体であり，先進国が予防的な観点から，途上国にも先進国にもメリットがあるアプローチで途上国への支援を実行していくことが重要です．すなわち，これらの緩和と適応の両輪をまわしながら，生物圏共生や資源循環の課題との同時解決を目指すことが求められているのです．

■ グローバルリスクは社会の革新にむけた機会

われわれが地球温暖化問題に対して今後どう対応していくかについて，各主体はいまこそ決断を行わねばなりません．利用可能なオプションは多岐にわたっています．まだ十分に理解されていない障壁や限界，コストが存在していますが，要素技術の積み上げ型モデルとマクロ経済モデルによる試算研究によれば，今後数十年にわたり温室効果ガス排出の相当な削減のポテンシャルがあり，予測される世界の排出量の伸びを相殺または現在のレベル以下にまで削減できるポテンシャルがあることが指摘されています．

たとえば，温室効果ガスの排出枠を配分して取引を行うキャップ・アンド・トレードや京都メカニズムなどの仕組みは，CO_2 1トンの排出に対して経済的インセンティブをつけることにより，2030年時点で世界の排出量の伸びを相殺または現在のレベル以下にまで削減することを狙ったものです．しかしながらこの仕組みは，「規制か市場か」といった二者選択を迫るものではなく，ある土俵のなかで自主的な取

り組みを展開するものです．これは持続可能な発展，経済と環境の両立，環境と経済の統合的取り組みなどと呼ばれるもので，経済システムに沿って環境への取り組みが行われることによって活動が効率的になされるという側面だけではなく，環境への取り組みを率先して行うことで新たなチャンスが広がるといった「環境を重視した経済社会」をつくろうというスタイルです．利用可能なエネルギーの質の要求に応じてコミュニティの運営を図り，効率化や参入の自由を確保しながら，環境面の要求にもこたえる方向です．

2013年以降の気候変動枠組条約の第2約束期間が目前に迫ってきています．当面の施策を実施しながら同時に中期的な見通しを持ってくことが重要です．京都議定書の反省を活かし，また京都議定書が切り拓いた道を発展させながら，どのような国際連携があり得るか，そしてそこで日本はどのように貢献しうるかが問われています．また修復，適応の両面での気候変動対応を展開するうえで種々の産業セクターの将来戦略といかに結びつけていくかという知恵が新しい事業機会を生み出します．さまざまな主体の行いを連携し，それらがうねりとなって持続可能社会を形成していくことに大いに期待しています．

■ 本書の構成

本書は，2007年度後期(2007年10月～2008年2月)の講義をベースにとりまとめたもので，7講から構成されています．第1講では，地球温暖化問題に対して，制度設計が重要であることの問題提起を行います．第2講では，政策的枠組みとして，排出権取引を取り上げ，その仕組みや理論と，排出権取引が抱える問題点について示し，先行しているEUの排出権取引の現状について解説します．第3講では，豊かさと公平性の観点からの制度設計の重要性について述べ，国内の制度設計で考えられている制度の比較をしながら，制度の特徴を明らかにします．第4講では，IPCCの第4次評価報告書(AR4)を中心に取り上げ，その内容と舞台裏を合わせて紹介し，バリ・アクショ

ン・プランなどの内容についても触れます．第5講では，政府が実施する投資政策制度について，費用と効果の観点から制度の比較評価を行います．第6講では，NPOの視点・観点から温暖化対応政策の再評価を行い，我が国における課題について解説を行います．第7講では，低炭素社会実現に向けて経済を改革して，好循環の流れを構築することの重要性と，グリーンビジネスチャンスについて述べ，低炭素社会の実現は，「経済」と「環境」の二者選択問題でないことを解説します．本書は7人のプロフェッショナルがオムニバス形式で行った講義をベースにしていますが，地球温暖化というグローバルリスクに対する政策対応，制度設計の重要性について理解いただければと思います．

「環境リスク管理のための人材養成」プログラム
推進本部

■■ 目　　次 ■■

リスク管理シリーズ巻頭言 ……………………………………………… *iii*
グローバルリスクへのアプローチ ……………………………………… *vii*
目　次 ……………………………………………………………………… *xv*

第1講　地球温暖化の経済学 ──────── 西條 辰義　1

1　データで見る各国の二酸化炭素排出量 ……………………………… *1*
2　気候変動枠組条約 ……………………………………………………… *10*
　● 温室効果ガス排出に価格をつける ………………………………… *11*
　● 温室効果ガスの排出制限 …………………………………………… *11*
　● 炭素税 ………………………………………………………………… *12*
　● 京都メカニズム ……………………………………………………… *13*
3　排出権取引 ……………………………………………………………… *13*
　● 排出権取引の考え方 ………………………………………………… *14*
　● 排出権取引の特徴 …………………………………………………… *15*
　● 排出権取引の仕組み ………………………………………………… *17*
　● 炭素税の仕組み ……………………………………………………… *20*
4　排出権取引の是非 ……………………………………………………… *21*
　● 京都議定書のパラドックス ………………………………………… *23*
5　国内制度設計の提案 …………………………………………………… *25*
　● 上流還元型排出権取引制度の優位性 ……………………………… *26*
6　排出権取引実験 ………………………………………………………… *29*
7　ポスト京都の制度設計：削減率から排出量へ ……………………… *33*
　● UNETS の提案 ……………………………………………………… *33*

● 総排出量に責任をとる仕組み──UNETS の制度設計 ········· *35*

| 第2講 | 地球温暖化への政策的枠組み
排出権取引 | ················ 新澤 秀則 41 |

1 目標決定と不確実性 ··· *41*
2 排出権取引の仕組み ·· *43*
● 限界排出削減費用 ··· *43*
● 現在の規制制度の問題点 ····································· *47*
● 排出権取引のメカニズム ···································· *48*
● 売り手か買い手か ··· *50*
● 排出権の価格 ·· *52*
● 排出権の初期配分 ··· *58*
● 排出権取引の問題点 ·· *59*
● 練習問題 ··· *60*
3 EUの排出権取引 ··· *60*
● 排出権取引導入の背景 ······································· *60*
● 排出量のモニタリング ······································· *62*
● 初期配分 ··· *63*
● アロワンス価格の推移 ······································· *65*
● アロワンス初期配分時の問題 ····························· *67*
4 排出権取引の今後 ·· *68*

第3講 豊かさと公平性を巡る攻防
ポスト京都に国際社会はたどり着けるか ...... 明日香 壽川 73

1 「参加」と「実効性」のウソ 73
- 温暖化問題懐疑論について 73
- 「参加」という曖昧な言葉の意識的／無意識的な乱用 76

2 公平(フェア)とは？ 77
- 「公平」あるいは「正義」 77
- 途上国にとっての「公平」は開発の権利 78
- 「公平」を突き詰めて考える 79
- 公平性と環境十全性と現実性とのトリレンマ 83

3 マルチ・ステージ・アプローチ 84

4 キャップ&トレードとセクター別アプローチ 86
- キャップ&トレード：人気と実力 86
- セクター別アプローチ 88

5 国内制度設計の動き 92
- 意外に進んでいる国内制度設計 92
- 国内クレジット制度と国際取得制度を比較すると 94
- 各制度比較：プロジェクト内容，予算額，削減量 98
- 各制度比較：KMCAPの評価 101
- JVETS：取引は結果的にかなりあった 102
- 義務型への移行シナリオ 104
- KMCAPの行方 105
- 東京都が先行している 105

6 温暖化問題はエネルギー安全保障問題 106

| 第4講 | 気候変動問題を巡る最近の動向
IPCC, UNFCCC ... 平石 尹彦 109 |

1 IPCCとは何か ... *109*
- どのような組織か ... *109*
- 評価報告書制作の仕組み ... *111*
- 評価報告書の影響力 ... *113*

2 IPCCスペシャルレポート ... *114*
- 航空機からの排出 ... *114*
- 森林の排出・吸収 ... *115*
- 排出シナリオ ... *116*
- オゾン層 ... *116*
- CCS ... *117*

3 AR4にみる気候変動 ... *118*
- 温暖化の現実 ... *118*
- 温暖化をもたらすもの ... *120*
- 天をも恐れぬ行為 ... *122*
- 水・食糧の問題 ... *122*
- カーボンに価格を ... *124*
- スターン・レポート ... *126*

4 IPCCインベントリープログラム ... *127*
- 温室効果ガスのインベントリー（目録）づくり ... *127*
- ポスト2012年にむけて ... *128*
- ソフトウェアとデータベース ... *128*

5 バリ行動計画 ... *129*
- 途上国はcommitmentsなし ... *129*

- developed country と developing country ･･････････････････････････ *131*
- フットノート ･･ *132*
- 長期協力行動 ･･ *134*
- AWG-KP（第5回）の合意 ･････････････････････････････････････ *135*
- 残された課題 ･･ *136*

| 第5講 | エネルギー環境問題と投資制度設計
政府は「転ばぬ先の杖」を正しくつくれるか？ ･･････ 戒能 一成 139 |

1 投資の現状 ･･･ ***139***
- 日本における投資とその動向 ･･･････････････････････････････････ *139*
- 投資行動における基礎理論と現実 ･･･････････････････････････････ *146*
- 投資の現状と課題 ･･･ *150*

2 投資と制度 ･･･ ***151***
- 投資制度の種類 ･･･ *151*
- 直接的強制制度 ･･･ *152*
- 間接的誘導制度 ･･･ *154*
- 投資制度の評価 ･･･ *157*

3 エネルギー環境問題と投資制度 ････････････････････････････ ***160***
- EU排出権取引制度 ･･ *160*
- 炭素税・環境税制度 ･･･ *166*
- 性能規則制度 ･･･ *170*

4 投資制度設計をめぐる問題 ･････････････････････････････････ ***177***
- EU排出権取引制度再考 ･･ *177*
- 北欧炭素税・環境税制度再考 ･･･････････････････････････････････ *178*
- 性能規則制度再考 ･･･ *179*

- 民間の組織能力から見た制度比較 …………………………… *179*
- 監視費用から見た制度比較 ……………………………………… *180*
- 理論と現実の境界 ………………………………………………… *180*

第6講 地球温暖化防止のための国内政策のあり方 ……… 鮎川 ゆりか 183

1 WWFの使命 …………………………………………………………… ***183***
2 温暖化の脅威と緊急性 ……………………………………………… ***184***
- 温暖化のスピード ………………………………………………… *184*
- 温暖化の目撃者 …………………………………………………… *187*
- 危険域に入った北極 ……………………………………………… *189*
- 温暖化のシナリオ ………………………………………………… *191*
- 動きはじめたアメリカ …………………………………………… *193*

3 日本の温暖化対策 …………………………………………………… ***194***
- 京都議定書の数字 ………………………………………………… *194*
- 自主行動計画の限界 ……………………………………………… *196*
- 日本の問題点を探る ……………………………………………… *197*
- 再生可能エネルギー ……………………………………………… *202*

4 排出量取引制度導入の提案 ………………………………………… ***204***
- CO_2 排出に価格をつける ……………………………………… *204*
- キャップ&トレード型国内排出量取引制度の長所 ………… *206*
- 社会・経済を脱炭素化へ導く制度 …………………………… *208*

5 日本の課題 …………………………………………………………… ***210***
- 産業界の意識改革を …………………………………………… *210*
- 日本としてのビジョンを ……………………………………… *212*

第7講	脱カーボンを目指して 排出権ビジネスと日本の技術の活用	……… 本郷 尚 215

1 脱カーボンの国際的流れ …………………………………… *215*
● 増えたぶんをどこかで減らす ……………………………… *216*
- エネルギー問題と地球環境問題 ……………………… *218*
- アメリカの動向 ……………………………………… *220*
- 中国とインド ………………………………………… *222*
- EUと日本 …………………………………………… *224*

2 拡大する排出権市場 ………………………………………… *225*
- EUが世界をリード …………………………………… *225*
- 日本の排出量 ………………………………………… *228*
- 排出権市場の多様化 ………………………………… *230*

3 低カーボン社会への好循環の引き金に ……………………… *232*
- 消費者が主役 ………………………………………… *232*
- 排出権の国内流通市場 ……………………………… *234*

4 日本のビジネスチャンス …………………………………… *237*
- 技術・金融・排出権 ………………………………… *237*
- 日本の技術を活かす道 ……………………………… *239*
- 民間が主役 …………………………………………… *242*

5 日本の進むべき方向 ………………………………………… *245*
- 日本に有利なルールづくりを ……………………… *245*
- チャンスとしての環境ビジネス ……………………… *246*

参考文献 ……………………………………………………… *249*
索　引 ………………………………………………………… *253*

第1講

地球温暖化の経済学

西條 辰義

　ここでは，地球温暖化対策の制度設計をテーマとして，日本が世界に誇れる国内制度と国際制度について紹介します．まず，京都議定書の特徴について解説し，京都議定書の目標を達成する枠組みを提案します．そして温室効果ガスの濃度安定化にむけて，世界の枠組みについても提案していきます．

1. データで見る各国の二酸化炭素排出量

　京都議定書は，1997年に世界レベルでの温室効果ガス削減の枠組みとしてつくられましたが，それ以前におよそ10年をかけて，どの国がどの程度削減するかをトップダウン的に数字で決定しました．

　京都議定書の策定以降，日本の政策の特色として，下から積み上げてきた状況があげられます．まず，各企業に削減目標とする数字をださせて，それを積み上げていき「絵にかいた餅」をつくりました．この「絵にかいた餅」をつくったために，京都議定書の第1約束期間において，日本は目標を達成できないかもしれないという話がでてきました．このように，京都議定書の策定はトップダウン型なのに，国内の政策はボトムアップ型という正反対の手法を用いているのです．

　基本データとして，各国が京都議定書の交渉時にも手元に置いていたと思われる，20世紀後半のデータを確認しておきましょう．図

第1講 地球温暖化の経済学

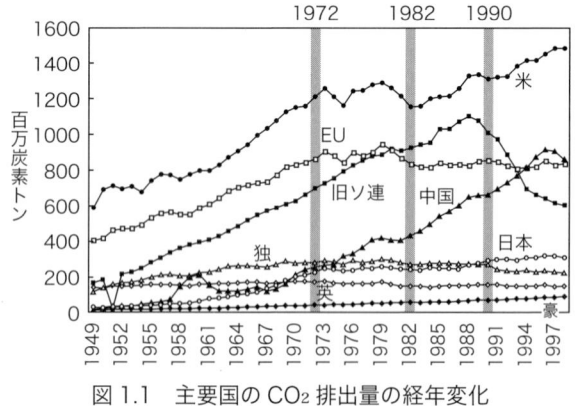

図 1.1　主要国の CO$_2$ 排出量の経年変化

1.1 は，1949 年から 1997 年までの主要国の二酸化炭素（CO$_2$）排出量の経年変化です．アメリカは一貫して上昇しています．1972 年前後，1982 年前後は第 1 次，第 2 次のオイルショックがあったころで，その前後はそれほど増加していません．京都議定書は 1990 年を基準年としています．

一方，EU はいったん上昇し，オイルショックの前後でだいたい安定化し，最近は減る傾向にあります．これは，EU 諸国の人々が温暖化に備えて頑張って減らしたのではなく，1980 年代のはじめごろに比べて，EU 域内の産業が外にでてしまったため，削減したように見えるのでしょう．とはいえ，EU 当局はそうした傾向を上手に世界の政策に乗せてきたという側面があります．旧ソ連は，1990 年前後のソ連の崩壊以降，一本調子で下がっています．これは，残念ながら経済が停滞したためです．

図 1.2 で，2004 年の各国の CO$_2$ 排出量と排出割合を比較しています．第 1 位はアメリカで，全体量の 22.1％を占めています．第 2 位が中国で 18.2％ですが，ここ数年のうちに中国がアメリカを抜いてしまう，ないしは抜いてしまったのではないかといわれています．つ

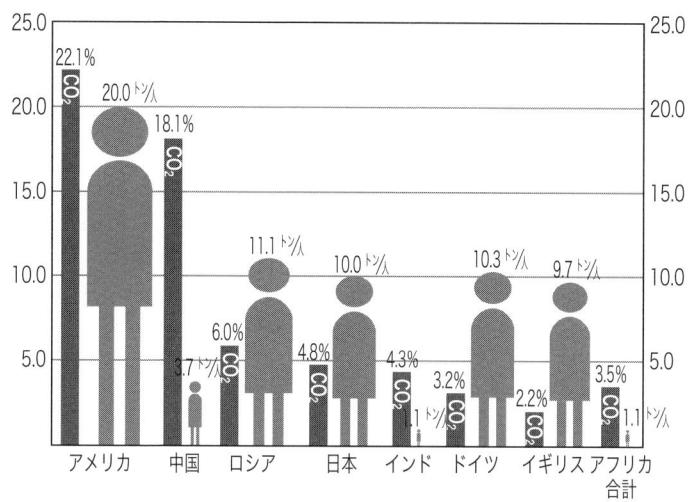

図 1.2 世界の CO_2 排出量に占める主要国の排出割合と
各国の 1 人あたりの排出量の比較 (2004 年)
EDMC／エネルギー・経済統計要覧 2007 年版全国地球温暖化防止
活動センターウェブサイト (http:www.jccca.org) より

まり，温暖化の問題点の一つは，アメリカ・中国問題ということです．

もう一つの大きな問題点は，1 人あたりの排出量が，アメリカは 20 トン，中国は 3.7 トンということです．中国は，1 人あたりではそれほどだしていないことになります．つぎに，日本とドイツとイギリスを比較してみます．ドイツとイギリスは環境先進国といわれますが，1 人あたりで見ると，日本がおよそ 10 トン，ドイツは 10.3 トン，イギリスは 9.7 トンと，ほとんど変わりません．つまり，新聞などでは日本人が多く排出しているかのように書かれていますが，実はどんぐりの背比べの状態です．

ロシアは経済停滞で大変な状況ですが，11.1 トンということで，これは実は 1 人あたりの GDP が多くないのにもかかわらず，相当石炭をたいているということです．さらに問題なのはインドです．1.1

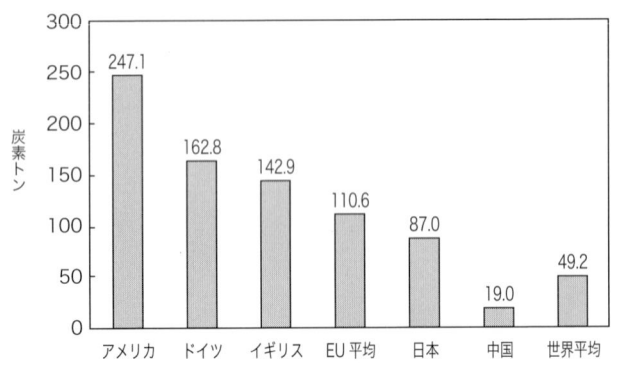

図 1.3　1949〜98 年の CO_2 累積排出量(Ct)/1998 年の人口

トンとわずかですが,今後インドが成長するとどのように変化していくかが懸念されます.その意味では,温暖化問題はアメリカ・中国問題ですが,将来,インドが大きなプレーヤーになってくることに留意しておかなければなりません.

図 1.3 は,温室効果ガスが大気中に最低 50 年から 100 年程度滞留するという話を受けて,20 世紀後半の 50 年ほどについて各年の CO_2 排出量を単純に足した累計を 1998 年の人口で割り,累積排出量でどの程度責任があるかを示したものです.アメリカは 247.1 炭素トン (Ct),日本は 87 炭素トンで,アメリカは日本の 3 倍です.ほんとうに 3 倍の責任があるかどうかは別問題として,3 倍程度の責任があると捉えておくことができます.

このように,EU 諸国は傾向的に減少しているのを上手に利用していますが,過去の責任という点では,アメリカ,ドイツ,イギリスは「悪者」ということになります.ですから,イギリス,ドイツは,京都議定書で 8 ％削減することになっていますが,それほど責任が軽いわけではありません.

そこで,図 1.4 のように考えてみます.横軸が GDP あたりの CO_2 排出量です.単純に見ると,1 円のもの・サービスをつくるのにど

1. データで見る各国の二酸化炭素排出量

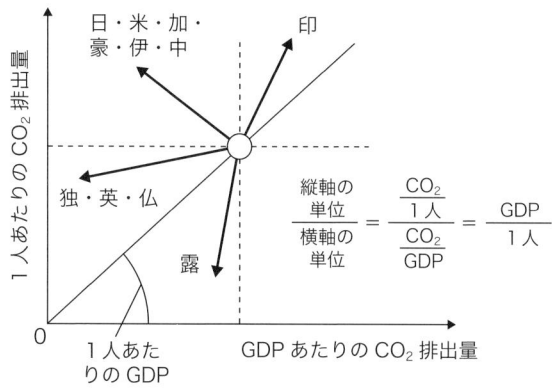

図 1.4　GDP および 1 人あたり CO_2 排出量の動き

の程度の CO_2 をだしているのかを表しています．縦軸は，1人あたりの CO_2 排出量です．中央の点からどちらの方角に動いているかを眺めるために，それぞれの点と原点を結んだ直線の傾きを計算します．横軸の単位が GDP 分の CO_2 で縦軸の単位が 1 人ぶんの CO_2 ですから，単位だけを計算すると，傾きは 1 人あたりの GDP になります．すなわち，この傾きの線より上方に矢印が向いていれば，1人あたりの GDP が増えているということになります．ドイツ，イギリス，フランスは，その方向に行っています．つまり，1人あたりの GDP を増やしつつ，1円あたりの生産物をつくるときの CO_2 の排出量も減らし，1人あたりの CO_2 の排出量も減らしているということです．そういう意味では，環境にとってのゴールデンパス上に乗っているといえるかもしれません．

一方，日本，アメリカ，カナダ，オーストラリア，イタリア，中国は，1円あたりのもの・サービスを生産するときの CO_2 は徐々に減らしているものの，1人あたりの CO_2 の排出量を増やしています．最近，日本はそれほど経済成長していませんが，傾きはだんだん上昇しています．他方，インドは両方とも増やしつつ，1人あたりの GDP も増

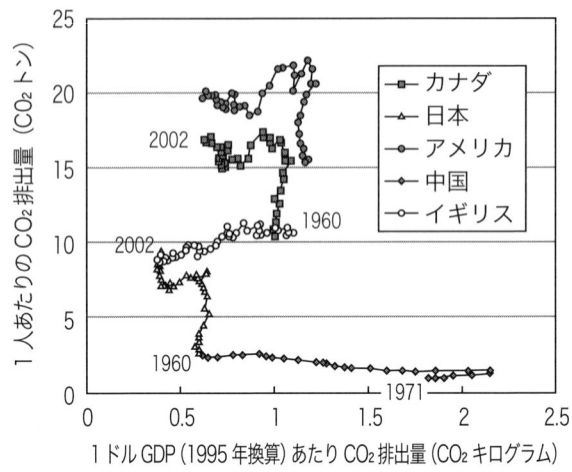

図 1.5　GDP および 1 人あたり CO_2 排出量の経年変化

やしています．インドは国際交渉において，責任は先進国にあってインドには絶対にない，という非常にタフなポジションをとります．現在，成長途上にある国として，これから 1 人あたりの GDP を増やすなら，GDP あたり，1 人あたりの CO_2 の排出量はどうしても増えてしまうということなのでしょう．逆に，最近はともかくも，ロシアは基本的に，両方ともに数値は下がっていますが，1 人あたりの GDP も下げています．

概念図ではなく，実際のデータの動きを示したグラフが図 1.5 です．横軸は，単純にいうと 1 ドルあたりの価値を生産するときに CO_2 を何キログラムぐらい出しているのかということです．縦軸は，1 人あたりの CO_2 排出量です．1960 年から 2002 年のイギリスの動きに注目すると，さきほどの図 1.4 のように，上手に推移している様子がわかります．一方，日本は 1960 年から上昇して，いったん下がった時期があって，1990 年あたりからまた増えています．ここでの大切なポイントは，イギリスと日本を比べると，図 1.5 の上を北にすると，

1. データで見る各国の二酸化炭素排出量

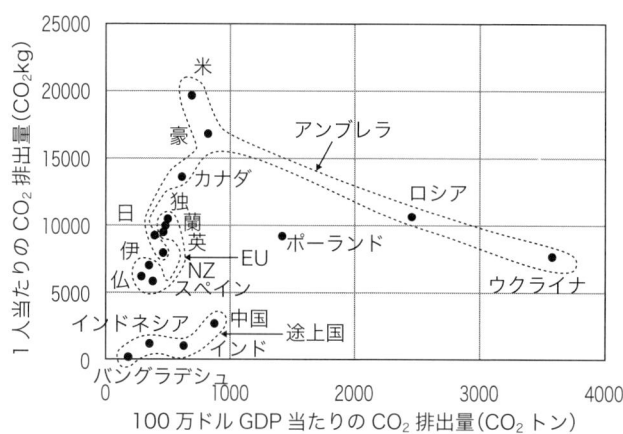

図 1.6　1996 年における GDP および 1 人あたり CO_2 排出量
http://earthtrends.wri.org/ のデータより作成

イギリスのデータは日本のデータの北東方向にあります．これは，日本よりもイギリスのほうが過去に多く排出したことを示しています．一方，中国は下のほうにありますが，徐々に傾向的に日本に似たデータの動きになっているようにみえます．実際，日本とアメリカとカナダのデータは動きの形がよく似ていますが，おそらく，経済活動が連動しているに違いないと読み取れるのではないのでしょうか．

1996 年における GDP および 1 人あたり CO_2 排出量を示したのが図 1.6 です．1997～1998 年に京都議定書の交渉をした際に参照された可能性のあるデータです．これまでの図と同様に，北東方向にある国ほど「悪い」ことになります．この図は全世界のデータを網羅しているわけではないので極端なことはいえませんが，単純にいうと，アメリカの北東方向側にある国はありません．オーストラリア，ロシア，ウクライナも，CO_2 の排出においては，それより北東方向にくる国はないという点で，「悪い」国家といえます．

図のなかに示したアンブレラグループと呼ばれる国々は，京都議定

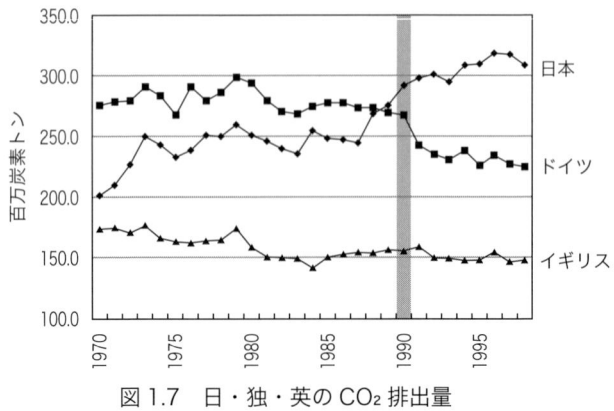

図 1.7　日・独・英の CO_2 排出量

書の交渉時においてチームを組んで国際交渉にあたっていました．これらの国々は，排出権の需要国と供給国の関係にあります．アメリカ，オーストラリア，日本，ニュージーランドは排出権を買いたい国々，ロシアとウクライナは排出権を供給する国々と想定されていました．

さて，日本，ドイツ，イギリスの CO_2 の排出量をもう少し丁寧に眺めてみましょう（図 1.7）．1990 年の値を目安に大気中の CO_2 の排出量を安定化させようという話がでたこともあり，1990 年が基準年となっています．この年はちょうど西ドイツと東ドイツが再統一された年ですから，このグラフでは東西両方のデータを足し合わせています．東ドイツの経済停滞があったために，1990 年から大幅に落ちているのがわかりますが，このように見ると，とくに削減対策を行わずともかなりの分量が自然に減っていたのではないかという疑念がわきます．ちょうど 2000 年前後にドイツ以外の研究者からこのことが指摘されて，ドイツの研究者たちが計算した結果，減少したうちの半分は削減したもので，残り半分は自然に減ったものであるとの結論をだしました．

イギリスの場合も，傾向として徐々に下がっていますが，日本の場合には，残念なことに，バブル経済の影響を受けて，一気に上昇して

1. データで見る各国の二酸化炭素排出量 ■ 9

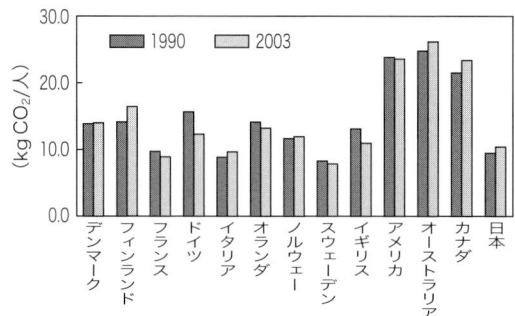

図 1.8　1人あたりの温室効果ガス排出量
UNFCCC「GHG$_S$ Inventory」，World Bank の資料より作成

います．

基準年の 1990 年と 2003 年で比較したのが図 1.8 です．日本の場合は増えていて，アメリカはほとんど変わらず，オーストラリアやカナダは増えています．ところが，EU の先進地であるイギリスやドイツは減っています．京都議定書の影響がでてきたのは 1998 年以降，各国で国内対策をとりはじめたのは 2000 年前後ですから，それ以前に CO$_2$ の排出量が減った原因が何なのか（産業が国外にでたのか，経

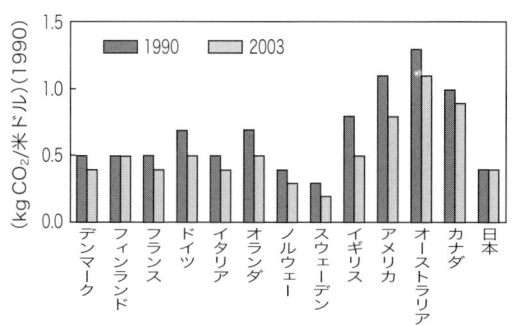

図 1.9　GDP あたりの温室効果ガス排出量
UNFCCC「GHG$_S$ Inventory」，World Bank の資料より作成

済が停滞したのか,など)を探ってみると,新たな事実が発見できるかもしれません.

GDP 1 ドルあたりの CO_2 排出量を示したのが図 1.9 です.1990 年と 2003 年を比較してみると,やはり日本は同じくらいです.日本も 1960 年代,70 年代は 1 円あたりのもの・サービスを生産するときの GDP の全体は,10 年単位で考えてみると改善していますが,最近は改善しなくなっています.こういうときにあっても,アメリカ,オーストラリア,カナダは改善しています.産業界でよくいわれる「空雑巾を絞るようなことはなかなかできない」という言葉で表される部分なのかもしれません.イギリス,オランダ,ドイツも下がっています.こうした主要国のなかでほぼ変化がないのは日本とフィンランドです.このようなデータの背景を探ってみるのもよいでしょう.

2. 気候変動枠組条約

1992 年に結ばれた気候変動枠組条約の第 3 条には,たくさんの原則が書かれていますが,まとめると次の三つになります.

原則 1 は「持続可能な開発」です.気候変動は 5 年,10 年単位の問題ではなく,50,100,200 年単位の長期的な問題なので,環境と経済を両立せねばなりません.環境省や経済産業省が提言しはじめているように,環境のことばかり気にして自分たちが生活できなくなっては困る,つまり持続可能な開発が大事であるということです.

原則 2 は「地球規模での費用対効果」で,温室効果ガス濃度の上昇は地球規模で抑制しましょうということです.あとで日本の限界削減量にふれますが,削減に炭素トンあたりで 10 万円くらいの費用がかかる状況でも,当然われわれが削減すべきと考えていいのかどうかという話です.日本の経済にとってはよくないかもしれませんが,地球にとってはそのほうがよいかもしれません.つまり,基本的なポイントは,同じ削減量なら費用の安いところで削減し,地球全体で温室効果

ガス濃度の上昇を抑制したいということです．

原則3の「衡平の原則」は，差異ある責任と能力に応じて負担をするということです．要するに，温暖化は温室効果ガスの排出で経済発展をした先進国の責任であり，お金をもっている国が負担するということですが，もっともお金をもっているアメリカは京都議定書を批准しておらず，温暖化対策の費用を公式には負担しない点が問題です．

次に，京都議定書の大きな特徴をあげていきましょう．

● 温室効果ガス排出に価格をつける

京都議定書のなかで重要な役割を果たしている京都メカニズム（CDM, JI, 排出権取引）は，気候変動枠組条約における最少のコストで最大の効果を上げることを体現したものです．これまで経済的な価値とは無関係に行っていた温室効果ガスの排出に，正の価格をつけるというのが基本的な精神です．日本政府は，温室効果ガスの排出に価格をつけることを極端にきらってきました．生産するのに温室効果ガスをたくさん排出する製品や，化石燃料の価格を上げることによって消費を抑え，それによって地球温暖化から守ろうということです．

● 温室効果ガスの排出制限

特徴の2番目として，先進国に温室効果ガスの排出上限を設けました．たとえば日本の上限は1990年比で94％ということです．つまり，京都議定書の精神として，排出量を固定し，その価格で調整するメカニズムを選択したということです．たぶん，京都議定書の交渉担当者あるいは交渉をした世界の政治家たちは，地球温暖化の問題において量に主眼を置いていたということなのでしょう．多くの経済学研究者は，量ではなく価格で，たとえば，炭素税などで調整する仕組みを策定することを提案しています．そのほうが経済効率的にはよいのかもしれませんが，議定書は排出量を固定し，その価格で調整するメカニズムを選択しました．逆にいえば，価格を固定し，量で調整するメカ

ニズムを採択しなかったのです．これは重要なポイントです．

● 炭素税

では，炭素税の特徴を考えてみましょう．炭素税は，温室効果ガスの排出をタダにはせず，炭素をたくさん使うものの値段を上げますので，さきほどの特徴を満たします．ところが，炭素税率は簡単に変更できません．日本の場合，炭素税を採用し，税率を変えようとすると，国会で審議しなければならないうえ，大きな政治的決断になります．つまり，価格を固定し，排出量で調整するメカニズムが選択されます．ですから，炭素税を骨格とする政策は，京都議定書と不適合であるというのが私の見解です．京都議定書は量を固定し価格を調整する方針なのに，なぜ日本だけが逆にせねばならないのかということです．炭素税を補完的に使う場合はいいのかもしれません．

炭素税の特徴として，炭素税が高いと排出総量が減り，低いと排出総量が増えます．数年前に何度か環境省は，広く薄い炭素税（2,000〜3,000円/Ct）の提案をしています．当初は3,400円くらいでした．これくらいだと，炭素税収として国家に1兆円ほどのお金が入ります．最近の案では2,400円くらいまで下がっています．そのようにたびたび提案を変えていいものかと思いますが，もし炭素税のみで京都議定書の目標を達成しようとするならば，炭素トンあたり4万円ほどの削減コストをかけなければならないという数値計算があります．それなのに，2,000〜3,000円でいいという理由は不明です．ともあれ，広く薄い炭素税を骨格とする政策では温室効果ガスを削減できずに，京都議定書を遵守できない可能性があります．排出上限を遵守できないと，過剰排出量の1.3倍分を2013年以降に削減しなければなりません．しかも，それだけでなく，1.3倍分を返す期間は排出権取引の制度が使えないといったいろいろな制約条件がかかってきます．ですから，遵守できないときは，国家の名誉を失うばかりではなく，第2約束期間でも苦痛を味わざるをえないことになります．

● **京都メカニズム**

こうした固定された数量目標のみでは，景気変動などで京都議定書の目標を達成できない可能性があります．そこで議定書では，ある国における排出上限を達成するのに，他国での削減量を用いることができる制度を導入しています．京都メカニズムと呼ばれるもので，クリーン開発メカニズム（Clean Development Mechanism, CDM），共同実施（Joint Implementation, JI），排出権取引の三つです．クリーン開発メカニズムとは，開発途上国で，彼らが発電所をつくった場合に排出するであろう温室効果ガスの量と，日本の技術を導入して発電所をつくったときに排出するであろう温室効果ガスの量の差の部分を，日本と相手国の削減分だとみなす制度です．共同実施は，単純にいうと，クリーン開発メカニズムとまったく同じことを先進国どうしで行う制度です．

3. 排出権取引

排出権取引とは，排出量を固定し，取引する枠の価格で調整する取引です．京都議定書と適合する政策が排出権取引なので，少なくとも2008年からの京都議定書の第1約束期間では，排出権取引型の制度を使うべきだと思います．

日本政府は2008年に，ようやく重い腰を上げて，小規模ながら，世界の排出権取引制度の水準と比べると，排出権取引とは似て非なる制度を試行型の排出権取引として導入しています．というのは，試行制度は温室効果ガスの総量をコントロールできないものだからです．排出権取引に関しては，京都議定書以降，日本がリードできるチャンスは何度もあったにもかかわらず，それを生かすことはできませんでした．いわば，温暖化対策の空白の10年です．

近年ではかなり変わりつつあるようですが，マスコミの皆さんは，排出権取引とは，実際に削減をせずにお金を払って削減したことにす

る制度であると捉えておられるようです．これでは非常に悪い制度のように聞こえます．企業のトップに，こういう感覚の方がけっこういます．どこがおかしいのかというと，排出権の供給者が削減していることを無視しているという点です．国内のみで削減するという考え方は，国内で生産する財・サービスの生産要素は国内で調達せよという乱暴な議論につながりかねません．日本は石油がないから自分で掘れ，ボーキサイトがないなら，日本の土地を掘ったらそのうちにでてくるかもしれないから，それでアルミニウムをつくったらどうだという話と同じです．排出権を生産要素として考えるなら，日本は1990年時点の94％の生産要素を保有していることになります．つまり，かなりの部分，国内で保有しており，足りないぶんを国外から調達すればよいわけです．他の生産要素よりも調達が楽なはずです．ところが，排出権に関してだけ，日本国内で自給自足しなければならないという話はおかしいと思いませんか．排出権という言葉だからそういう感覚が生まれるのであって，石油やアルミニウム，鉄を自給自足せよといわれたら，それはおかしいことに気づくはずです．日本が戦後成長した原動力は，海外から生産要素を購入し，それに付加価値をつけて売ってきたということにあるのに，排出権に関してだけはなぜかこのような考え方のできない方が大勢いるようです．

● 排出権取引の考え方

たとえば，日本とロシアがそれぞれCO_2排出量を1トンだけ削減することに合意したとして，そのための費用が，日本は100ドル，ロシアは5ドルであるとします．地球にこの2か国しかないとし，各々が1トン削減したとするならば，2トンの削減のための費用は105ドルになります．ここで，排出権取引を用いると次のようになります．ロシアがさらにもう1トン削減するためのコストも5ドルだとするならば，ロシアが2トン削減する費用は10ドルです．でも，ロシアはタダでは削減してくれないでしょう．そこで，日本とロシアが交渉

して，ロシアがもう1トン削減するのに55ドルのお金を支払うことで合意するなら，日本はロシアに55ドルを払うことになります．そうすると，ロシアは55ドルからコスト分の5ドルを引いて，50ドルの利益になります．日本は，本来は100ドル払わなければならなかったのが55ドルで済んだので，45ドルの得をしました．これが，排出権取引の基本的な考え方です．日本もロシアもWin-Winの関係です．

このように見てみると，削減せずにお金を払って削減したことにする制度であるという考え方とは，ずいぶん感覚が違うことがわかります．最初，105ドルかかると思われていたのが，10ドルで済んだのだから，95ドルのお金が浮いてくることになります．そのお金を削減投資に使ったり，開発途上国ならば貧困対策に使ったり，日本の場合は少子高齢化対策に使ったりできるかもしれません．

● 排出権取引の特徴

排出権取引の特徴は，まず排出に価格がつくということです．日々のニュースで，今日の排出権はCO_2トンあたりいくらか，という話がおそらく報道されることになるでしょうし，実際，EUではすでにそうなっています．2007年11月25日付の朝日新聞で，トマトの話が書かれていました．輸送時に遠ければ遠いほどCO_2を排出します．近くても，ハウスを使うとCO_2を排出します．そこで，トマトという商品にCO_2排出量のエコラベルとつければよいと書かれていました．仮にCO_2トンあたりの価格が2,000円だとするならば，タイ産を空輸したとき1キログラムあたり15円のチャージがかかります．無加湿埼玉産ならば，1円です．エコラベルだけでなく，1円と15円のチャージを価格に上乗せをして，高かったら買わないという方向に人々を誘導するほうがずっとよいと思います．エコラベルを貼って，何グラムのCO_2をだしたという情報を書いたとしても，たぶん虚偽の情報もでてくるでしょう．エコラベルを否定するわけではありませ

んが，温室効果ガスの排出が価格にきちんと上乗せされる制度設計が必要です．

　価格がつくと，コストが高いところから買わなくなります．エコラベルだと環境コンシャスの人は買わなくなります．たとえば，出張などでホテルに泊まるとき，ホテルで電気をつけたり，おふろに入ったり，暖房したり冷房したりするでしょう．環境コンシャスな人はできるだけ使わないようにしますが，料金は同じだから環境のことはどうでもいい，家では節約しているからここぞとばかりに冷房も暖房もいくらでもつけておくという人もいるでしょう．そこで，「ホテルの料金は一泊1万3,000円ですが，電気や水の使用量に比例して追加料金をお支払いください」という制度にしたら，みんな節約するでしょう．ポイントはここです．価格をつけるということは，ほぼ全員の方を動かすことができるということです．環境コンシャスの方を増やしていくのは当然のことだとは思いますが，大勢の方を動かすためには，価格は便利な道具なのです．

　価格のもつ機能の一つが，透明性です．価格はだれにとっても同じなので，価格がつくと意思決定が容易になります．ですから，企業が削減に取り組むとき，非常にコストがかかることで悩んだ場合，マーケットでは排出権がこの程度の価格で売買されていますよという話を聞くと，選択肢がでてきます．自分たちで頑張って削減するのと，排出権を買うのではどっちが得だろうということを考えられるようになります．ある商品をつくるために必要な生産要素は何かを考えるのと同じことにしてしまえばよいということです．

　価格がもつもう一つの機能が，公平性です．規制当局との交渉力で排出量が決まるのではなくて，価格で判断できます．役所が「頑張れ」というから頑張るのではなく，目標が価格という目に見えるかたちで表れているということです．

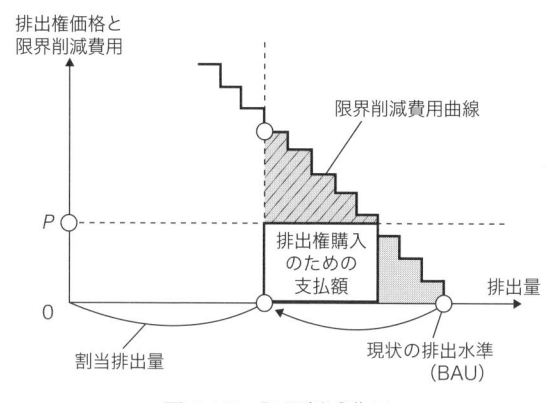

図1.10 限界削減費用

● 排出権取引の仕組み

　排出権取引に使われる経済概念をもう少し詳しく説明しておきましょう．限界削減費用という言葉がよく使われます．限界というのは，もう1単位余計にという意味です．排出権取引の場合だと，1単位は炭素1トンと考えればよいのです．図1.10は横軸に排出量，縦軸に排出権価格と限界削減費用をとっています．排出に規制がかかっていない現状のCO_2や温室効果ガスの排出水準をBAU（Business as Usual）といいます．BAUから1単位削減するとかかる費用が，網のついた部分の1段分です．これが限界削減費用です．さらに，もう1単位余計に削減すると，もう1段分の費用がかかる．つまり，限界削減費用は，場所によって違います．これは小さい順番に並べていますが，もしある企業が削減するなら，もっとも安いところから頑張るはずです．2単位目は若干費用が余計にかかります．このように限界削減費用というのは，各単位において，さらにもう1単位余計に削減したときにかかる費用です．この階段状のグラフのことを限界削減費用曲線といいます．実際はいろいろな形をしていますが，抽象的に書くとこの図のような形になります．

この図では，現状の点からターゲットの点まで8単位削減する必要があります．自国で削減すると，限界削減費用を足しあわせたぶんだけの費用がかかります．ターゲットの点までの階段状グラフの下側の面積にあたります．すなわち，現状の点からターゲットの点までの限界削減費用曲線の積分です．

仮に，1単位あたりの排出権価格がPだとするならば，この国はこう考えます．まず1単位目，2単位目，3単位目は，自国で削減したほうが安い．4単位目は自国で削減する費用と排出権価格を比べると排出権価格のほうが安い．つまり，4単位目から8単位目までは排出権を購入するほうが安いので，3単位目までは自分で削減をするけれども，4単位目からは排出権を購入したらよいということになります．自国だけで削減すると階段状グラフ全体の面積分の費用がかかりますが，排出権取引をすると，かかる費用は3単位目までの費用と排出権購入のための支払い額の部分(白い長方形の部分)で済みます．この国(ないしは企業)は，排出権取引をすることで，斜線の部分の面積だけ得をすることになります．

二つの国の排出権取引を示したのが図1.11です．排出量を横軸，縦軸を排出権価格と限界削減費用とします．第2国が，現状から約束排出量まで削減しなければならないとき，自国のみで削減すると，図内の大きな三角形分の面積の費用がかかりますが，排出権価格がP^*

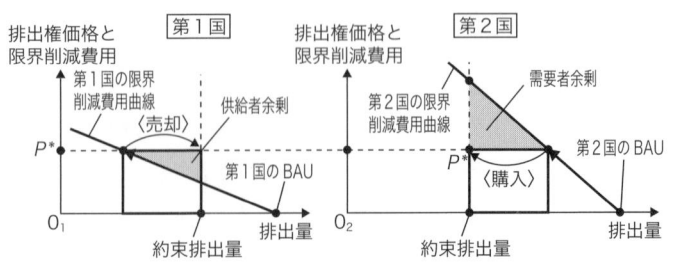

図1.11 排出権取引の仕組み

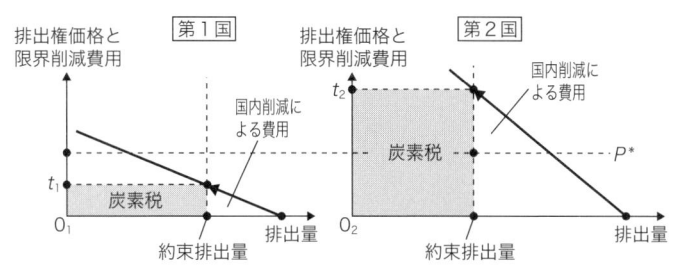

図1.12　炭素税の仕組み

だとすると，限界削減費用がP^*まで自国で削減しておいて，残りは排出権を購入します．そうすると，P^*の上の小さい三角形の部分だけ得をします．この得をした部分を，買い手の得という意味で，経済学用語で需要者余剰(demander's surplus)といいます．

では，排出権の供給側のほうを考えましょう．供給する第1国も，現状と京都議定書の約束排出量が決まっています．第1国としては，約束排出量まで削減を達成すればそれでおしまいということもできます．しかし，現在の排出権価格がP^*であることを考えると，約束排出量でとどめずに，さらに削減します．それよって，図中の台形の部分だけ余計に費用がかかりますが，「P^*×過剰に削減した部分」，すなわちこの長方形の部分が排出権販売収入となります．そうすると，グレーの小さい三角形の部分だけ得をすることになります．さきほどのロシアと日本の例とまったく同じで，第1国の排出権供給量と第2国の購入量が同じになるところ，すなわち供給と需要が一致するところで価格が決まるに違いないというのが排出権取引の原理です．

実際にはなかなか原理のとおりにはいきませんが，それでも排出権取引をしない場合(各国別に削減する場合)は最小費用で削減できない点を考えると，有益な方法です．さきほどの図1.11で見たように，別々に削減するほうがかなり多くの費用がかかることがわかります．また，第2国が払ったぶんは第1国の収入になり，地球規模で眺めてみると，お金が動いただけで費用は収入で相殺されるのです．

● 炭素税の仕組み

さきほどの第2国の場合に，約束排出量まで削減するなら t_2 という炭素税をかけることにします（図1.12）。すると，排出量1単位あたり t_2 のお金がかかることになります。税金を払うのと自分で削減するのとどちらが安いかというと，BAUから出発し，約束排出量までは限界削減費用のほうが炭素税よりも低いので自分で削減することになります。ところが，約束排出量を超えてさらに削減するとなると，限界削減費用のほうが炭素税よりも高くなってしまいます。ですから，炭素税が t_2 ならば，ちょうど約束排出量のところで排出することになります。炭素税収は，t_2 ×排出量となり，これが国庫に入ります。

一方，第1国も，京都議定書の目標を達成する排出量に t_1 という炭素税をかければ，同じような理屈で，第1国の約束排出量がその排出となるに違いありません。

各国が別々に京都議定書の目標が達成できるような炭素税をかけると，国庫に炭素税収が入ってきます。税収を国家単位で眺めてみると，政府に税収が入るのですが，政府はこのお金をまた使いますから，日本全体で見たら相殺されるはずです。かかった費用で見ると，それぞれ白い三角形の部分です。各国別に炭素税をかける場合，さきほどの排出権取引の場合と比較してください。余計に費用がかかってしまうことがおわかりいただけるでしょう。

このように，各国別に炭素税をかけて京都議定書の目標を達成しようとすると，地球全体では余計な費用がかかってしまいます。ただし，国際共通炭素税のように図1.12の P^* に相当するところで，さきほどの排出権取引価格と同じ価格で炭素税をかければ排出権取引の場合と同じぶんだけの量を各国が排出することになります。ただし，排出権取引の場合，第2国が第1国に支払うぶんだけ，第2国の負担が大きくなります。通常，この部分は日本のような排出権の需要国の負担になり，そのため，排出権の需要国では，排出権取引を嫌う人々が出現するのです。なお，EUが排出権取引を採用した背景には，実

は 1996 〜 1997 年ごろに共通炭素税を設定しようとして失敗したという経緯があります．世界中で共通炭素税にしなければなりませんが，アメリカは税金を嫌う国ですし，なかなか主要国の合意がとれなかったのです．今，世界の大勢は共通炭素税よりも排出権取引にむかっており，量で固定しておいて，価格で調整するほうへ行くという流れになっています．

4. 排出権取引の是非

排出権取引をしてしまうと，国富が海外に流れでてしまうという意見があります．図 1.13 において，BAU から出発して，国内での限界削減費用曲線を示しています．排出権の国際価格 p^* を支払って取引する場合に，そのぶんのお金を払うのは問題であるという意見です．しかし，国内で削減すると，この大きな三角形のぶんだけかかるところが，排出権取引だとかなり少額で済んでいます．つまり，国内のみで削減をすると損をするのと同じです．国富が海外に流れる取引制度は問題であるという意見は，すべてを自給自足せよという話につながってしまいます．

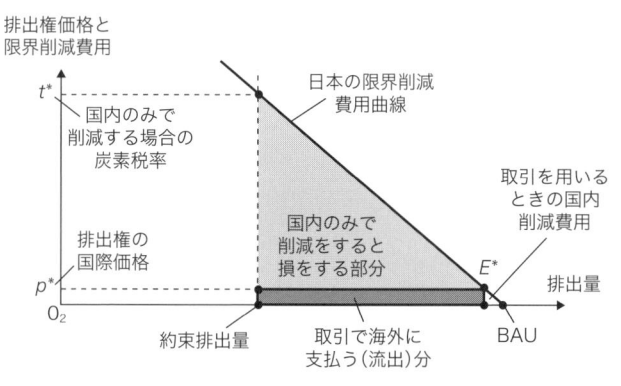

図 1.13 国富が海外に流れる取引制度はだめ？

さきほどふれたように，1990年代の後半にEUは共通炭素税の導入に失敗しました．1997年12月に京都議定書が採択された後，EUは京都議定書における排出権取引が実行しにくくなるように交渉していました．ですから，国際交渉において，EUの代表団は排出権取引を徹底的にたたき，その背後で排出権取引の制度をつくっていたのです．そして，2000年3月には，排出権取引の導入を宣言しました．EU域内では，排出権の価格を同じにするのです．2005年よりEU域内で排出権取引(EU-ETS)を実施中です．EUは炭素税から排出権取引へシフトしたのです．

日本の場合には，京都議定書目標達成計画として，2010年には目標値より12%の増加を見込み，その3.9%を森林吸収（炭素トンあたり1.5万円），6.5%を省エネなどの規制，1.6%を京都メカニズムで削減するという，国内削減に頼る政策を進めようとしています．これは，数字のつじつま合わせに終始し，次にあげる三つのパラドックスを誘発し，国益と地球益に反するのではないかと考えられます．

京都議定書には補完性（supplementality）ということが書かれています．国内での削減を主とし，京都メカニズムは補完的でなければならないということです．排出権取引も補完的でなければならないと書かれているのですが，補完性の内容として，京都議定書の交渉において，約束期間リザーブ（Commitment Period Reserve, CPR）を設けました．排出上限をもつ先進国は，約束割当量の90%を下回らない量の排出権を留保しなければならないというものです．これは，売り手国に対する制約なのですが，私たちが行ったシミュレーションでは，この約束期間リザーブに引っかかる国はほぼありません．各国が勝手気ままに排出権取引を行ったとしても約束期間リザーブに引っかからないということは，実効性がないということです．つまり，京都議定書の中身の交渉において，各国が補完性をある意味で無効にしたともいえます．補完的でなければならないという条項はありますが，有名無実化したのです．

気候変動枠組条約における京都議定書の三つの原則のうち，私のいう原則3は衡平の原則，つまり，差異ある責任と能力に応じて負担するというものでした．ただ，京都議定書はこの原則3と整合性がない部分があるようです．まず，先進国と途上国の間の逆進性があります．割当排出量という資産を先進国はタダでもらっていることになります．日本の場合には，京都議定書の目標を達成できそうにないので大変だということですが，EUの平均的な国々は，将来的に京都議定書の目標を達成できるでしょうし，達成して余りある国もでてくるでしょう．EUの国のなかには，排出権を国際連合から無料でもらって，結果的には売って利益がでる可能性もあるのです．開発途上国は，「キャップ(排出上限)をかぶるのが嫌だから排出権はいらない」といっていますが，彼らは何ももらっていません．

　次に，途上国間に逆進性があります．京都メカニズムのCDMを実行しようと思っても，その国の大気が適当に汚れていなければCDMができません．そういう意味合いで，途上国のなかでも，途上国側が適当に発展していなければCDMが使えないという逆進性があるのです．

　最後に，先進国の間にも逆進性があって，過去に大きく排出した国々ほど責任が軽いという部分があるのです．アメリカは京都議定書を批准しませんでしたし，イギリス，ドイツなどは，過去に多くの温室効果ガスを排出したものの，京都議定書のもとで排出権を売りだすことも可能性としてはありえるのです．

● 京都議定書のパラドックス

　京都議定書の背後には，いくつかのパラドックスがあります．まず，環境保全性パラドックスです．日本で温室効果ガスを1単位（炭素トン）余計に削減するのにおよそ4万円の費用がかかりますが，途上国で削減すると数ドルでできます．気候変動枠組条約では補完性は有効ではなくなってはいますが，地球規模での費用対効果を考えましょう

というのにもかかわらず，自国で削減することを京都議定書は優先しているのです．

次に，リーケージ・パラドックスがあげられます．日本で温室効果ガスを1単位削減するとしましょう．これに伴い日本の生産量もいくらか減少するでしょう．その減少分の需要が途上国を含む海外にむかいます．つまり，日本で削減した結果，生産量が減ると，日本の需要者たちは，そのものを買わなくなるのではなく，日本で調達できないなら海外から買うことになり，海外での生産量が増えますし，増えたぶんだけ温室効果ガスも発生するのです．国内削減量が多くなればなるほど，排出上限のない途上国での生産量が増えて，途上国における温室効果ガスの排出が増えるのです．たとえば，大阪大学のチームの計算によると，日本で1単位の温室効果ガスを削減しても，途上国で0.5単位ででてしまうのです．また，カナダは自国で1単位削減したとしても，0.7単位がアメリカを含めたカナダ以外のところででてしまいます．このようなリーケージの問題は，世界中がなんらかの枠組みで上限を決めてしまえば防止できますが，アメリカが京都議定書を批准していないため，カナダで削減したつもりになっても，カナダ国内の需要がアメリカないしは中国，インドにむかってしまい，そちらからでてしまうという事態が生じます．

最後に，スティグリッツ・パラドックスを眺めておきましょう．日本国内で削減者に補助金を渡した場合，補助金を渡さない場合よりも国内削減が増加しますが，日本の排出権の需要が減少するために，排出権価格が安くなり，途上国での削減が進まなくなることがあげられます．これは農産物でよく見られることで，農産物にアメリカ政府が補助金をだすと，どうしても農民はその生産物を余計につくってしまいます．そうすると，農産物の価格が下がってしまい，同じ農産物をつくっている途上国の方々が苦しむことになります．それとまったく同じ構造です．政府が削減に対してどんどん補助金をだしてしまうと，めぐりめぐって途上国の人間が苦しむ状況になるということです．わ

れわれが直感的に正しいと思うことが，他者に悪影響を与えてしまうという代表的な例です．

5. 国内制度設計の提案

炭素税を主体とするイギリス型の制度の場合，民生・運輸を除く排出主体に炭素税をかけ，それを原資として削減主体に補助金を配ります．この場合，高額の炭素税が必要です．たとえば，日本の場合，ガソリンでいえば，1リットルあたり26円程度の炭素税をかけると京都議定書の目標を達成できるかもしれません．

一方，私たちが提案するのは上流還元型排出権取引制度です．簡単な数値例で説明します．仮に，政府が94単位の排出権をもっているとしましょう．1単位あたりマーケットで決まった価格が1,000円だとすると，政府の排出権販売収入は9.4万円になります．ここで，日本にはA石油とB石油の二つの石油会社しかなく，この2社が海外から化石燃料を購入しているとしましょう．この制度では，A石油は55単位分の化石燃料を購入した際に，55単位の排出権を確保しなければなりません．海外から化石燃料を購入する各企業は，化石燃料の輸入量（この場合55単位）に相当する排出権を確保しなさいということです．このとき，A石油は50単位を日本政府から単価1,000円で購入し，海外から単価500円で5単位購入したとしましょう．たまたまA石油の排出権の取引担当者が上手に取引したので500円で済んだとします．すると，全部で5.25万円のお金がかかったことになります．

一方，B石油は49単位の化石燃料を購入したので，49単位分の排出権を確保しなければなりません．そこで，44単位分を政府から単価1,000円で購入し，5単位分は海外から購入したのですが，こちらの排出権担当者が交渉に失敗して3,000円で買ってしまったため，B石油は合計5.9万円分のお金を排出権取引のために払わなけれ

ばならないことになります．

　ここまででおしまいにすればよいのですが，EUの排出権取引の場合，EU域内で通用する排出権を政府が無償で配っていますので，日本の企業の競争力を維持するために政府収入の9.4万円分を企業に返還するのです．還元率をとりあえず1としましょう．この二つの企業で確保した排出権は55＋49＝104単位です．A石油が確保した排出権は55単位ですから，9.4万円×1（還元率）×（55/104）＝49,712円を返還するのです．（52,500円−49,712円）/55＝50.7円ですから，A石油の排出権の価格は平均50円強になります．

　一方，B石油の場合，49/104単位確保したので，49/104だけ政府の収入が還元されます．9.4万円×1（還元率）×（49/104）＝44,288円で，一単位あたりの平均価格は（59,000円−44,288円）/49＝300.2円です．

　政府は化石燃料の輸入主体に（議定書による排出総量と同じ量の）排出権を販売します．つまり，日本政府は94％分の排出権を販売するのです．そして，輸入した化石燃料に含まれる炭素含有量と同量の排出権の確保を各輸入主体に義務づけます．ですから，海外から化石燃料を購入する場合には，必ず排出権をもっていなければなりません．たとえ，政府がオークションで販売するとしても，買い占めの問題が起こるかもしれません．これに対処する方法はさまざまですが，たとえば，各輸入者に，去年購入した化石燃料の8割程度を留保する，というやり方です．

　次に，政府は排出権販売収入を還元します．政府の排出権販売収入×還元率（$0 \leq r$（還元率）≤ 1，上の例では1）×ある主体の排出権の納付量（先のA石油の例で55単位）/排出権の納付総量（先の例で104単位）を返すということです．

● **上流還元型排出権取引制度の優位性**

　上流還元型排出権取引制度では，化石燃料が海外から輸入される時

点で排出権を確保するので，税関の段階で，密輸がない限り，京都議定書の目標を完璧に遵守できます．一方，環境税，炭素税の場合は，排出量そのものが確定できません．炭素税と削減量の関係を数量モデルで計算することはできるかもしれませんが，固定量を必ず確保することはできないのです．

上流還元型制度の場合，制度を執行する際の費用がほとんどかかりません．化石燃料の通関の際，排出権をもっているかどうかを確認すればよいという単純な仕組みです．日本の石油会社は2社だけでなく，もっとたくさんありますが，私たちが調べた限り，小さい業者を含めて，海外から化石燃料を輸入している者は800強くらいです．そのくらいの数だと財務省も捕捉できるに違いありません．炭素税で京都議定書の目標を達成しようとすると，誰がどれだけ排出したのかをモニターしなければならず，たいへんな費用がかかります．しかも，モニターの際にほんとうのことを申告しない可能性もあります．このように，だましが起こるような制度はあまりよくありません．だませるような余地を残さない制度づくりが制度設計者の腕のみせどころです．

カバーできる範囲も重要です．上流還元型排出権取引制度の場合，化石燃料の流れの最上流で把握しますので，化石燃料の全輸入量を把握できます．一方，下流で炭素税をかける場合，すべての企業，家計を捕捉しきれない可能性があります．

いわば，ノーキャップの制度であるという点も重要です．さきほどの例ではA石油とB石油にはキャップが設定されていません．A石油もB石油も海外から購入した化石燃料の量に応じて排出権を納付せよといわれているだけで，海外から購入できる化石燃料総量がいくらなのかに関する指令はありません．つまり，日本全体ではキャップがかかりますが，個々の企業にはキャップがかからないのです．これはオークション型の排出権取引の特徴です．キャップはかぶりたくないという産業界の意向をくんでいるのがこの制度なのです．

この制度の場合，化石燃料の輸入主体に排出権確保の義務が発生す

るので，彼らが苦しくなるという反論があるかもしれません．短期はともかくも中長期には，輸入主体は自然に排出権価格分のかなりの部分を下流に転化するに違いありません．原油価格が高くなったらガソリンスタンドの価格も高くなるのと同じです．

化石燃料は生産・輸入から排出への流れの最上流にあるA石油，B石油から徐々に下流にある企業(電力会社，電機メーカーなど)に流れていくのですが，この下流の企業はこの制度に参加できないのではないか，という懸念があります．もちろんそんなことはありません．下流の企業が国外で森林を管理したり植林をし，CDMなどで排出権を確保するなら，その排出権をA石油ないしはB石油に提示し，排出権を確保したので，そのぶんだけ重油を売ってほしいということが可能です．化石燃料を確保したい企業は，自ら排出権を確保し，上流企業に提示することが可能なのです．

さらには，この制度だと還元率を政策変数にできます．最初は100％還元していても，90％，80％と還元率を下げることによって，政府内に排出権販売収入を留保することが可能です．その留保したお金を技術開発に使い，国内で困っているさまざまな問題に使うことができるのです．

このようにいうと，ほとんど排出権取引に頼るのではないかといわれますが，そうではありません．排出権価格が高くなるにつれて，国内で削減しようという流れになり，技術開発が起こってきます．そうしたことも狙った制度です．

日本の政策に必要なことは，京都議定書遵守への枠組みをつくることです．京都議定書の行間には，CO_2に価格をつけましょうというスピリットがあふれています．ところが，日本国内ではやっと価格をつけようという動きが始まったところです．

アメリカは上院議員の過半数が反対したので京都議定書を批准できませんでしたが，日本は国会議員全員が賛成しました．とるべき選択肢はいくつかあります．そのなかから政治リーダーがきちんと選択し，

しっかりとした枠組みをつくらなければならないのです．

6. 排出権取引実験

　私たちの研究室では，学生たちに参加してもらって，実際に排出権取引をするとどのようなことが起こるのかという実験を行っています．被験者には，実験中のパフォーマンスに応じて謝金を払っています．このように，さまざまな排出権取引の制度を実験室で検証し，制度設計に生かすことができます．1999年より大阪大学チームが150を超える実験研究をしています．学生だけでなく，一般の上場企業の環境部局の方たちを被験者とした実験も行っていますが，被験者がルールさえきちんと理解していれば，学生と一般の方たちの間にそれほど行動に差は生じません．ただし，環境部局の方は環境を考慮した行動をすることがありますが，学生は純粋にお金のことだけを考えて行動します．そうしたわかりやすい差が生じることはありました．

　実験結果として典型的なのは，バブル崩壊のケースです（図1.14）．横軸は「分」を表していて，ちょうど20分が1年に相当すると考えて

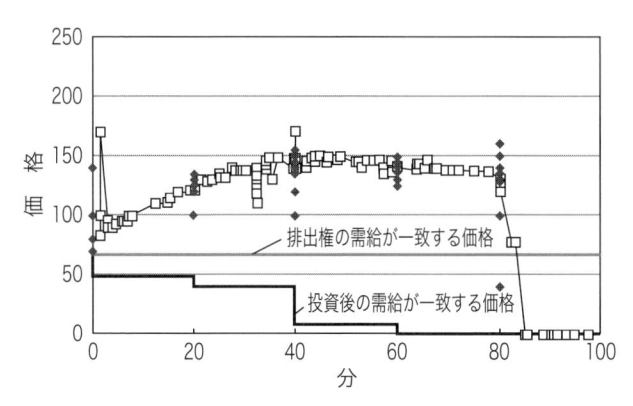

図1.14　典型的なケース：バブル崩壊ケース

ください．

　まず，排出権の需要曲線，供給曲線についてはこちらで準備をしておいて，被験者各人に各々の温室効果ガスの削減技術の情報を与えておき，それぞれが自分の技術は自分しか知らないという状況をつくります．図のグレーのラインが排出権の需給一致を示し，およそ62ドルが需給の一致する価格でした．

　図のダイヤモンドマーク◆は，各期が始まる前に予想してもらった価格を示しています．需給が一致するところよりも高めに価格を予想しているのがわかります．

　価格予想の後に，削減投資を実施します．黒のラインは，この投資の後における需給一致の価格を示しています．黒のラインは，グレーのラインよりも下にあるので，投資後の需給一致価格が下がっていることになります．つまり，過剰に削減したので，排出権価格が下がるのです．おそらく，排出権取引が始まると大変なことが起こるという感覚になり，高い価格予想をして過剰に投資をしてしまい，排出権の需要量が少なくなったと考えられます．であるのにもかかわらず，実際には，白い四角□のように，本来の需給一致価格よりも高い価格で取引が行われています．

　2年目のはじめに予想してもらった価格も高めで，またしても過剰投資をしたがために，需給が一致する価格がさらに下がっています．需給一致価格が下がっているにもかかわらず，高い価格で取引を続けていることがわかります．

　さらに，4年目になっても，需給一致価格はほぼゼロになっていますが，それなのに高い予想をし，高い価格で取引をしています．やっと5年目になって需給が緩んでいることに気がつきます．排出権の需要がほぼないので，価格ががたんと落ちました．われわれは十数年前に似たようなことを経験しています．高い価格で取引を始めると，過剰な削減をします．排出権価格がそれほど高いなら，排出権を買わずに自分で一生懸命削減しよう，あるいは削減投資をしようというこ

図 1.15　EU-ETS における価格の動き
Pointcarbon より

とになります．削減投資をすればするほど，需給の一致する価格は下がります．つまり，排出権に対する需要が少なくなります．しかし，取引価格は下落せずに，さらに過剰削減がなされて最後には取引価格の暴落が起こります．この実験は 2000 年頃実施したものですが，この実験結果を国際エネルギー機関などで報告し，EU で排出権取引をするなら，このようにならないようにという念押しをしたものでした．

図 1.15 が，EU 域内排出権取引制度 (EU-ETS) における価格の動きです．2005 年 1 月 1 日から始めてどんどん上がっていきますが，暴落して最後のあたりはほぼタダ同然です．さきほどの実験と同じことになっています．

それぞれの価格の変動に対しては，いろいろな理由があります．2006 年 5 月 15 日は，各国が EU 当局に対して数値を報告しなければならない日だったのです．つまり，排出権の需給が完璧にわかってしまう日でした．需給が緩んでいることがわかると価格が暴落します．これは，バブルの崩壊と同じパターンを示しています．EU 当局者にそれを指摘して「大失敗ではないのか」と聞いたら，「いやいや，そう

32 ■ 第 1 講　地球温暖化の経済学

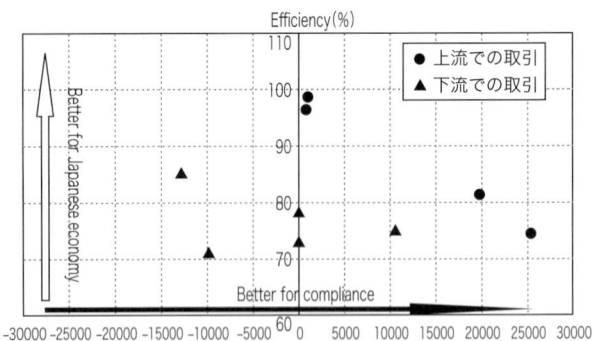

図 1.16　上流か下流か？

ではなく，われわれは練習，つまり経験を積んだのです」といっていました．経験を積む過程で損をしたり得をしたりする人たちがいたわけですが，そういう明るい見方も必要です．彼らもどういう状況になるとバブルが発生し，崩壊するのかがわかったはずですが，そうやって経験を積み，ノウハウを蓄積して対処しようと考えています．そのあたりが，石橋をたたいてもなかなか渡れない日本の当局とは全然違います．

　図 1.16 は，化石燃料の流れの上流の取引と下流での取引ではどのように異なるのかという実験結果です．横軸のゼロが京都議定書の目標を達成できる点です．マイナスにむかうと過少削減で，プラスにむかうと過剰削減です．同じ削減量に対し上に行けば行くほど安く削減できることになります．つまり，右上の方向にあればあるほどよい制度ということです．●が上流型の制度の実験で，▲が下流型です．実験の数が少ないので極端なことはいえませんが，一見したところでは●のほうが▲よりもよいように見えます．

　上流型の排出権取引では，上流の企業が排出権を購入するタイミングを選択するので，下流の企業はそれを選択できません．ですから，下流の企業は排出権価格の上昇に関して敏感になります．たとえば上

流の企業が石油の会社だとすると，下流の電力会社などは温室効果ガスをださない風力発電などへの投資を考えねばなりません．自分たちで排出権価格も排出権購入量もなかなかコントロールできないので，うまくいかなかったらどうしようと思い，風力発電に投資をするというわけです．そうすることによって，実のところ，排出量の制約がマイナスに働くのではなく，温室効果ガスの排出を抑制することができ，生産物の数量も増えるのです．

　排出する主体が意思決定できるような制度がよいという意見が多くありますが，そうでもないということがこの結果からわかります．下流型の排出権取引にしてしまうと，下流の生産者たちは，排出権の購入の時期，排出権の量は自分たちでコントロールできるんだと思い，楽観的になってしまう傾向があります．そのため，風力発電でなく，火力のほうに投資をしてしまいます．結果的にそれが制約となって，日本の生産物の数量が落ちてしまい，温室効果ガスの排出もふえてしまうことが実験においては確認されています．

　このような結果は，数理モデルや実証データではなかなかでてきませんが，人間というのは，自分が意思決定できないような状況に追い込まれると，悲観的になる傾向があります．実験室のなかで，意思決定が自分でできる場合，10人中成功するのは数人だという状況をつくると，ほとんどの人々は自分だけは失敗しないと思うようです．こうした実験によっても，下流よりも上流がよいということがわかっています．

7. ポスト京都の制度設計：削減率から排出量へ

● UNETS の提案

　世間の流れとして，削減ないし削減率というのがキーワードになっていて，私たちもいつの間にか温暖化対策を削減ないしは削減率でしか考えられなくなってしまっています．しかし，それをやめて，排

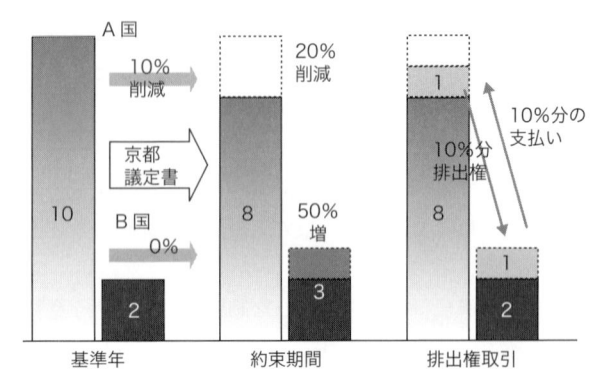

図1.17 削減率から排出量へ

出量で考えましょうという提案が，国際連合排出権取引システム(UNETS)です．

図1.17において，基準年でA国は温室効果ガスを10単位，B国はそれを2単位だしたという状況を考えます．そこでA国とB国で議定書をつくり，A国は10％削減することに合意し，B国はまだ無理なので0％で合意をしたとします．そうすると合意のもとでの排出総量は11単位です．その後，約束期間が済んでみると，A国はよく努力して2割も削減しましたが，B国はまさに発展途上の国なので，いくら頑張っても削減できずに50％増加して3単位になったとしましょう．でも，トータルで見ると12から11に減っています．そこで，A国がB国に排出権を1単位分販売するのが排出権取引です．

しかし，よく考えてみると，どうして大量に排出している国が2割下げたからといって，1単位分をB国に売れるのだろうと思いませんか．結果的に，A国の排出量は8単位，B国の排出量は3単位になります．削減量ではなく，排出した量に責任をとるような制度にしたらどうだろうか，というのがわれわれの提案です．途上国と比べて，イギリス，ドイツはたくさんだしているけれども，排出量が下がっているのだから，彼らは下がった部分だけに注目し，国際交渉をしたとい

うわけです．

　ですから下がったぶんではなく，だした部分，8単位を排出したなら8単位の責任をとり，3単位を排出したなら3単位の責任をとるという制度が私たちの提案です．削減率や削減にこだわるのではなく，世界全体でどれだけ排出するのかがポイントです．排出の中身を眺めてみると，大量に削減しなければいけないところもあれば，若干余計にだしていいところもあっていいはずです．これから成長していく国々は，短期的にはある程度排出しても仕方がない．でも，そのぶんは先進国が責任をとって，世界全体で眺めてみると確実に排出量が減っていくという制度設計です．そういうふうにしないと，途上国からの賛同は得られないでしょう．

　もちろん，削減，削減率，抑制，排出量，すべて換算可能なので，とくに排出量にこだわる必要はないのかもしれません．それは確かにそうなのですが，根本的な精神として，削減したからといってその部分だけを拡大視するのではなく，削減した後も排出している量を見る制度設計であらねばならないということです．

● 排出総量に責任をとる仕組み──UNETS の制度設計

　まず，世界の排出量の経路を策定します．たとえば2050年で半分にするという「クールアース50（美しい星50）」や，IPCC（気候変動に関する政府間パネル）のシナリオのなかにもそうしたものが見られます．世界の排出総量の経路として，たとえば，今後5年後，10年後，20年後の総量をどれだけにするかという交渉をします．

　IPCCの第4次評価報告書での排出シナリオの一つを示したのが図1.18です．図中にうっすら見える雲は，六つのリサーチチームが計算したもので，2100年ごろに産業革命以降およそ2℃から2.4℃くらい気温が上昇するシナリオです．地球全体の温室効果ガスがこの雲の範囲のなかにあれば，およそそのような温度上昇におさまるということを表しています．これは結構厳しいシナリオで，2020年ごろ

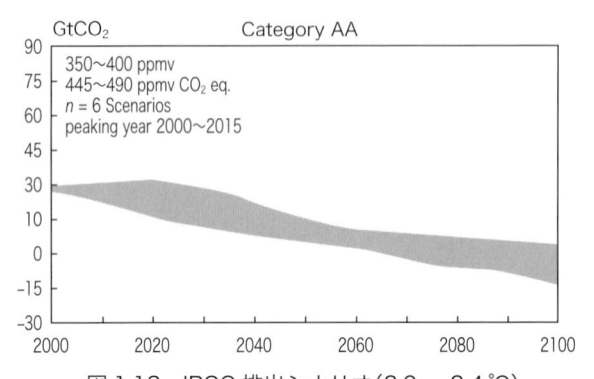

図 1.18　IPCC 排出シナリオ（2.0 ～ 2.4 ℃）
IPCC 第 4 次評価報告書（政策決定者向け要約）WG III, 図 SPM7

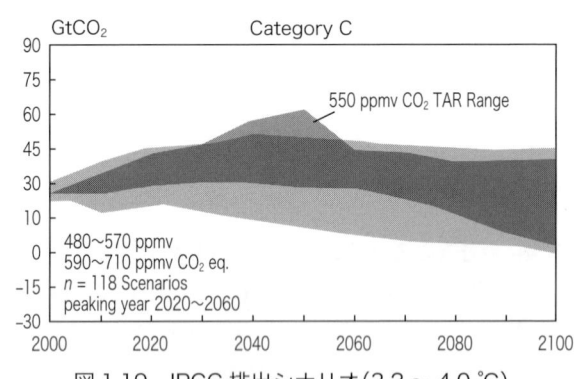

図 1.19　IPCC 排出シナリオ（3.2 ～ 4.0 ℃）
IPCC 第 4 次評価報告書（政策決定者向け要約）WG III, 図 SPM.7

までは，横ばいか減らさねばなりません．2080 年頃の排出量はほぼゼロで，それ以降はマイナスです．つまり，大気中の CO_2 を吸収せねばなりません．このような経路に乗ってはじめて 2℃から 2.4℃の上昇に抑えられるのです．おそらく，北極，南極の温度上昇はこの 3 倍程度になっているはずです．

IPCC 第 4 次評価報告書での別の排出シナリオが図 1.19 で，図中

表 1.1 排出総量に責任をとる仕組み(10%削減)

	排出権購入還元率	GDP還元率	純環流額(100万ドル)	現在比の排出率(%)	GDPへの影響率(%)
豪州・NZ	0.3	0.5	−476	92.2	−0.07
中国	0.7	0.7	176	66.5	−0.47
日本	0.3	0.25	−458	96.7	−0.01
韓国・台湾	0.5	0.5	−428	95.1	−0.05
タイ	0.5	0.7	−137	94.3	−0.06
アジア(中国を除く)	0.7	0.7	1189	87.9	−0.14
アメリカ	0.3	0.45	−1491	92.6	−0.01
カナダ	0.3	0.45	−650	95.0	−0.11
EU	0.3	0.3	−3396	97.3	+0.07
ロシアなど	0.7	1.2	−1520	92.7	−0.21
その他	0.7	0.7	7192	93.9	−0.08

の経路に乗れば3.2℃から4℃くらいの温度上昇です．このシナリオの場合，最初は排出量が増えても，途中からは横ばいないしは削減せねばなりません．幅があるのは，前提条件やさまざまな条件が異なるからです．

こうしたIPCCのシナリオなどを参考にして，世界の政治家はどのような経路を描くのかに関して交渉してほしいと考えています．最初はこういうシナリオでいくというものを描いておいてから，排出総量分の排出権を国際連合(ないしはそれに準ずる国際機関)が各国に販売します．描いたパスに沿って，国連がそのぶんの排出権を販売し，各国が上限なく購入するのです．さきほどの上流還元型排出権取引制度の説明で，A石油，B石油にキャップをかぶせないのと同じで，各国は排出したぶんだけ排出権を購入します．あとは，国際連合が排出権販売収入を還元します．還元するルールは，途上国，中進国に負担はさせず，先進国が払うというものです．これも国際交渉のポイントです．

私たちが行った単純なシミュレーションを示したのが表1.1です．

世界全体で CO_2 を10%削減すると，どういう影響がでてくるのかを計算してみました．排出権を還元する比率は，先進国ほど小さくし，途上国ほど高くします．日本にはかなりきつい状況をつくっています．日本に還元されるのはマイナス4億5,800万ドル，つまり450億円ほど負担することになります．排出率は96.7%でGDPにはほとんど影響はありません．

中国には，180億円ほど返ってきます．基準年と比較すると33%くらい排出量を削減することになります．この計算例では，炭素トンあたり25ドルくらいの価格になります．中国で実際にその価格が炭素排出にかかる，ないしはかけられるのかどうかは別問題です．なお，削減したことによるGDPに対する影響力は–0.47%です．この部分を補償せよという話がでてくるかもしれません．

EUは3,500億円くらい負担し，2.7%削減し，GDPへの影響はプラスです．世界全体で10%ぐらい削減しても，GDPへの影響力はほとんどありません．上手に排出権販売収入を再配分すると，開発途上国が損をしないようにできます．

このように，10%削減することは可能な話であるということがわかりました．10%を20%にするとどうなるのかはわかりませんが，基本的に経済成長にあまり影響を与えずに，途上国，中進国にはきちんとお金を渡し，先進国がそれを負担する制度は可能です．さらに，こうした制度の特色として，たとえば中国に新しい技術を販売し，その渡したお金で買ってもらうことも可能になります．

現状ですと，中国は，温暖化に関する限りにおいては，技術をタダで渡せと要求しているようです．しかし，タダで渡すのではなく，私たちのだした税金の一部を中国に渡し，そのお金で技術を買ってもらってもよいのです．つまり，お金がぐるぐる回る制度をつくろうという提案です．タダで渡さずに，買っていただきたい．当然，その原資はわれわれが提供します，という話です．そうしてお金を回すことで，少なくとも10%の削減くらいはたいした負担になりません．も

ちろんこれは理想的な状況を考えていますので，このとおりにうまくいくかどうかはわかりませんが，少なくとも国際交渉を上手にすればできるという感覚をわれわれはもっています．排出総量と資金の再配分のメカニズムの二つが同時に入っていないと交渉は成功しません．開発途上国に向かって，一方的に削減量を指示するのはいけません．温室効果ガスをだしても構わないが，そのぶんはわれわれが削減しよう．さらには，あなたたちが排出総量を減らすなら，それに応じて資金を返すという状況をつくったらよいのです．それでも，このシミュレーションでは，先進国としては大した負担にはなりません．

　炭素の排出に価格がつくと，ほかの生産要素に代替が起こります．少なくとも，モデルのなかでは，各人が自己の利得を最大化しようとする行動を与件にしています．排出に価格がつく条件のもとで，自分がもっとも得をするように生産要素を購入し，生産物をつくった場合にどうなるのかという話です．その計算の結果，10％くらいの削減の場合，GDPへの影響力はたいしたことがないということがわかっています．日本が京都議定書の目標を達成したとしても，計量経済モデルの大半では，GDPに対する影響は１％にも満たないくらいです．なぜかというと，代替が起こるからです．日本政府は全国レベルで代替が起こるような価格をつけようとしていない点がポイントです．

　排出権取引によって，その国が培ってきた技術や知識が他国に流れることは，確かに懸念されます．知的財産権を保護していない国に技術をだしてしまうと何が起こるのかについては，企業の方々は経験されていることでしょう．ですから，制度が機能するためには，知的財産権保護等の制度を開発途上国でもしっかりしたものにしてほしいですし，それによって途上国が先進国の仲間入りをするきっかけをつくるのではないかとも考えています．

　最後に2009年６月の日本政府の中期目標にコメントをしましょう．世界全体である削減目標を決めます．その下で，仮に排出権取引がなされたとするときの日本の排出量を日本の目標にする，というもので，

そのような目標こそ「公平」だというのです．排出権取引は，いわば「市場」です．持てる者と持たざる者の格差を広げるのが「市場」という議論はよくききますが，「市場」による財の配分が「公平」だと信ずる社会科学者はどこにもいません．あまりにも稚拙な議論で世界の嘲笑の対象にならないことを願うばかりです．

第2講

地球温暖化への政策的枠組み
排出権取引

新澤 秀則

1. 目標決定と不確実性

　気候変動，温暖化に関するリスクは，いくつかの側面から捉えることができます．たとえば，温暖化にどの程度の対策を講じたらいいのかという目標決定に関しても，いろいろな不確実性を考える必要があります．温暖化が進むとわれわれの生活にどういう影響があるのか完全にはわかりませんし，気候システムもまだ完全にはわかっていません．また，気候変動が起きた場合には，被害を受ける前にある程度の適応(被害に対する対策，あるいは準備)ができるはずですが，その際にどのくらいの費用がかかるかということも関係してきます．この気候システムの不確実性と適応費用の不確実性を合わせて，影響費用の不確実性といいます．自然科学では気候システムの不確実性がもっぱら議論されますが，経済学では費用に着目して，温暖化対策を行うことの不確実性，現在使える技術と将来使える技術は違うという不確実性，長期的な見方をする必要があるがゆえの「割引率」の不確実性といったことを議論します．

　企業で働く個々の主体にとっては，たとえば沿岸部に工場をつくった場合に，海面が上昇したとき大丈夫だろうか，保険はどうなるだろうかといった不確実性がありますし，いつどのような政策が導入されるかという面の不確実性もあります．

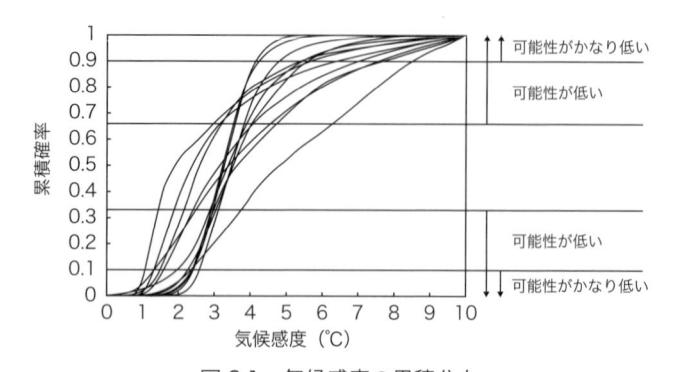

図 2.1　気候感度の累積分布
大気中の CO_2 が 2 倍になったときの地球の年平均気温の長期間の変化．3 °Cである可能性が最も高い．IPCC 第 4 次評価報告書(技術要約) WG I，図 TS.25 より

　図 2.1 は IPCC が発表した第 4 次評価報告書に掲載された図です．横軸は Climate sensitivity（気候感度）で，大気中の二酸化炭素（CO_2）濃度が 2 倍になったとき，地球の平均気温はどれくらい変化するかを表す指標です．今のところいろいろな不確実性があるので，モデルによって 0°C から 10°C までばらつきがありますが，図の上のほうほど確率分布が高くなっていますから，10°C 以内であることはほぼ確実だということがわかります．最も可能性が高いのは 3°C だという結果が今回の報告書で発表されました．これまで，温暖化による将来の気温上昇は，ある程度の幅のある値で議論されたり，人によって採用する値が違っていたりしましたが，こうして最も確からしい値が 3°C くらいだということになって，その不確実性が少し減少し，より合意形成がしやすく，対策もとりやすくなりました．

2. 排出権取引の仕組み

● 限界排出削減費用

たとえば，大阪市の空気をきれいにするための目標を決めると，工場や自動車といった汚染物質の各排出源から，どれだけ排出してもいいかを決める必要があります．また同じように，もし地球全体として温室効果ガスを1年間にどの程度排出してもいいかが決まったとすると，各国がどれだけだしてもいいかを決める必要があります．そのときの割り振り方の決定方法をどのように考えるかについて説明します．

まず，評価の基準がなければいけません．第一に効率性を考えます．排出や汚染を減らすときの限界費用は，排出源や削減量によって異なります．たとえば，ある工場は7トン，ある工場は5トン，また別の工場は4トン排出していて，合計16トンになっていて，排出しすぎている状況だとします．それを合計10トンに減らしたい場合，その削減量を各工場にどのように割り振るかという話になります．これは地球規模で考えると，温室効果ガスを地球全体としてだしすぎているので，各国がどれだけだしてもいいかということです．各工場で削減するための費用も異なりますから，一つの工場でどれくらい削減するかによって話が違ってきます．そこで，経済学の考え方は，全体としての10トンという目標を達成するための費用を最小にしようと考えます．費用最小化という意味での効率性を重視するということです．そのためには，排出削減の限界費用が均等化するように各排出源から減らせばよいということになります．

いま，排出源として工場Aと工場Bの二つだけがあるという状況を想定します．現在は1日あたり12トンずつ合計24トン排出していて，それによって人々が病気になったり温暖化が進んでしまったりするので，これを半分の12トンに減らそうという状況を考えます．

表2.1は限界排出削減費用を示したものです．限界排出削減費用

表 2.1 限界排出削減費用の均等化

排出量(トン/日)	限界排出削減費用(1,000ドル/日)	
	排出源A	排出源B
12	0	0
11	1	2
10	2	4
9	3	6
8	4	10
7	5	14
6	6	20
5	8	25
4	10	31
3	14	38
2	24	58
1	38	94
0	70	160

とは，さらに1単位削減するときの費用のことで，限界費用の合計が総費用です．この表では，排出源Aがもともと12トンだしていて，それを11トン，10トンというふうに減らしていくときの限界費用が，1,000ドル，2,000ドル，3,000ドルとなっています．ということは，12トンだしている排出源Aが10トンまで減らすときの費用は，(11トンまで減らすときの限界費用1,000ドル)＋(10トンまでもう1単位減らすときの限界費用2,000ドル)で，総費用3,000ドルということになります．

ここで，24トンを12トンに減らしたいということですから，おのおの半分ずつにすると考えてみます．そのときの各排出源の総費用は，12トンから6トンまでの限界費用を全部足していけばいいので，排出源Aは1＋2＋3＋4＋5＋6＝21，2万1,000ドルということになります．同様に排出源Bは5万6,000ドルですから，合計は7万7,000ドルです．

ところで，実はこの表のなかに，AとBの限界費用が等しく，しかも合計で12トンになるところがあります．限界費用1万ドル，排

出源Aは4トン，排出源Bは8トンのところです．その際の総費用は，排出源Aは3万9,000ドル，排出源Bは2万2,000ドルですから，合計すると6万1,000ドルということになります．さきほど，それぞれ半分の6トンずつにした場合の合計が7万7,000ドルであったのに対して，限界費用を等しくするように削減すると，合計が6万1,000ドルになるということです．差額が1万6,000ドルありますが，この差はこれ以上大きくはなりません．つまり，排出源AとBを比べるとAのほうが安く減らせるので，全体として安く減らそうと思ったら，排出源Aのほうからたくさん減らして，排出源Bのほうから減らす量を少なくすればいいということです．最も安くなるのは限界費用が等しくなるように排出量を配分したときだということになります．

ところが，排出源Aの負担を考えてみると，半分ずつにしたときには2万1,000ドルの負担だったのに，限界費用を等しくすると3万9,000ドルになって1万8,000ドルほど増えています．全体としての費用は小さくなりますが，余計に減らさなければいけないぶん，Aの負担は1万8,000ドル増えてしまいます．このままではAは納得しないかもしれません．

一方，Bの負担は，半分ずつのときは5万6,000ドルだったのに，限界費用を等しくすると2万2,000ドルになっていますから，3万4,000ドルも減っています．最初の配分と比較すると自分の負担が減るので，Bとしては嬉しいことです．

つまり，費用を最小化するという効率性と，公平性とは別であるといえます．公平性は一般的によく知られている考え方で，効率性は主に経済学で扱われる概念ですが，どちらも大事です．必ずしも半分ずつにするのが常に公平であるとはいえませんし，何が公平かを決めるのは難しいことです．たとえば，もともと排出しすぎていたところがあった場合，それも基準にして半分ずつに分けてしまってよいのか．あるいは先進国と途上国では経済の豊かさに差があるのだから，それを度外視するのは公平ではないのではないか．こうした議論が1997

年の京都会議(COP3)の前からあります．それに対して，効率性ははっきりと決まります．全体の費用を最小化することが目的ですから，おのおのの排出源のデータさえあれば決まります．

半々にするのが公平であるということを基準としながら，効率性も達成したいという場合，どうしたらいいのでしょうか．効率性を達成するためには排出源Aは4トン，Bは8トンまで減らすという最初の設定は変更せず，かつ，半々にするときの費用負担が公平だということにすると，AもBも納得するにはどうしたらいいかを考えてみましょう．

Bは3万4,000ドルも費用が減り，Aは1万8,000ドル増えていますから，たとえばBがAに対して，3万4,000ドル負担が減ったうちの1万8,000ドルを供出します．そうすると，Aはプラスマイナスゼロになって，Bは1万6,000ドルの負担減ということになります．このようにすればAも納得するかもしれません．

しかし，Aはさらに要求するかもしれません．たとえば負担軽減を等しくすることが「公平」であるとすると，マイナス8,000ドルずつというような分け方もできます．最大でBは自分がゼロになるまで交渉の余地があります．今度はAのほうがプラス1万6,000ドルになります．ですから，AがプラスマイナスゼロかBがプラスマイナスゼロかという両地点の間に交渉の余地があることになります．ここでもどのように分けるのが公平かという議論になります．

ここで重要なのは，1万8,000ドルと3万4,000ドルを差し引きした1万6,000ドル，全体としての費用が1万6,000ドル減っているということです．全体としての負担が減っていれば，負担が減ったほうから負担が増えたほうに調整することが必ず可能です．ですから，全体としての費用を最小化することが重要で，限界費用を均等化するべきであるということになるのです．それを実現する方法が排出権取引です．

● 現在の規制制度の問題点

　たとえば，大阪市の空気に1日10トン以上汚染物質をだすと人々の健康に被害が生じるので，1日10トンの汚染量で抑えたいという目標ができたとします．しかし現状は，Aという工場が5トン，Bという工場が3トン，Cという工場が2トンだしているという状況，つまりすでに10トン排出している状況だとします．ここで，大阪の経済が上向いてきて，新しい工場を建てたいという場合にはどうしたらいいでしょうか．一つは，新しい工場を建てることは認めないというものです．現実に，既に廃止されましたが，工場等制限法によって，つい最近まで大阪の沿岸部には新しい工場や大学はつくれませんでした．しかし，この規制方法は非常によくありません．なぜなら，新しく立地しようとする事業所ほど元気がよくて，地域の経済にとって良いかもしれない，むしろ元からある事業所のほうが元気がないかもしれないとも考えられるからです．つまりこの規制方法は，環境は守れるかもしれませんが，地域の経済にとってはあまりよくない可能性を含んでいました．

　二つ目は，すでにある工場の排出量をそれぞれ少しずつ減らして，それによって余った排出可能量だけ許可するというものです．これは総量規制という規制方法で，実際に行われていました．何年かに1回，もともとある排出源に対する規制を強化して，そこでできた余裕部分に新規参入してもらうというものです．しかし，既得権のような感覚が根強くあり，これまでだしてもよいといっていたものを減らしなさいというのは，なかなか難しいことです．

　さらに，10トンを超えてしまっても仕方ないとする考えもあります．経済のために，環境を犠牲にして汚い空気を我慢しようというものです．

　実は，これまで日本国内の環境規制はこの三つをミックスしたかたちで行われていました．それでもずいぶん大気がきれいになった理由は，こうした環境規制以外の要因もあったからです．円高の影響など

でもともとあった工場が海外へでていき、タイミングよくそこに新しい工場が入る、といった環境政策以外の要因もあります。このような流れのなかで、今後、地球規模で同じようなことをしていくかどうかということが重要な検討点です。

現在の規制は、さきほど述べた費用最小化という観点から見るとどうでしょうか。規制を行うのは行政です。行政は各工場が汚染を減らすときにどれくらい費用がかかるか、ある程度はわかるけども完全にはわかりませんし、工場自身も実際にやってみないとわからないという面もありますので、従来の規制方法で効率性を達成することはなかなか難しいといえます。また、そもそも効率性を念頭に置かずに決めていますので、効率的にはなっていないともいえます。

● 排出権取引のメカニズム

図 2.2 は、二つの排出源（工場）で排出削減を行う限界費用をグラフにしたものです。A はもともと 1 年間に 120 トンだしていて、それを減らすときの限界費用がだんだん上がってくることを表しています。さきほどの例と同じように、汚染を減らせば減らすほど、もう 1 トン減らそうという限界費用はだんだん高くなります。一方、B はもともとだしっぱなしの状態が年間 90 トンで、限界費用はより急速に立ち上がっていきます。さきほどの例で示したように、この場合、限界

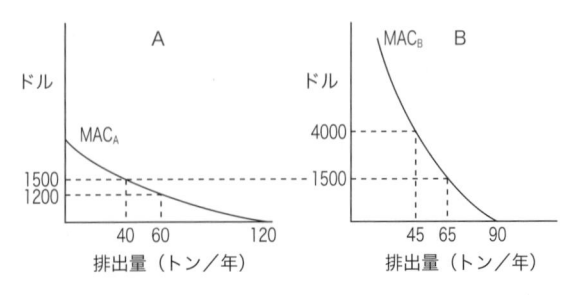

図 2.2　排出権取引のメカニズム

2. 排出権取引の仕組み ■ *49*

費用の少ないほうをたくさん減らしたほうがいいという答えは，すでにおおよそ推測できるでしょう．

　ここで，合計210トンの排出量は多すぎるので，合計として半分の105トンに減らすという目標を決めます．この場合，排出権取引では，年間105トン分の排出権を発行して，二つの排出源に割り当てます．しかし，いきなり翌年から減らしなさい，ということはできませんから，10年後の排出権として発行するのです．これを初期配分といい，取引する前の配分という意味です．

　ここでもとりあえず当初の排出量の半分ずつを初期配分するとしましょう．各排出源は，目標排出量として配られた排出権の量しか排出できません．もし排出権の取引をしないのであれば，各排出源は排出量を初期配分量まで減らさなければいけないことになります．しかし，Aが60トンまで削減するときの限界費用は1,200ドルで，Bが45トンまで減らすときの限界費用は4,000ドルです．このように限界費用に差があるときは，排出権取引を行うと双方の利益になります．ここではAは60トン排出権をもらうので，60トンまで減らせばいいのですが，もう少し頑張って40トンまで減らしたとします．そのときの限界費用が1,500ドルになります．Bのほうは45トンまで減らさなければなりませんが，そこまで減らすと多大な費用がかかるので，65トンまで減らすにとどめます．するとそのときの限界費用は1,500ドルになります．これが，さきほど述べた限界費用が等しくなるという状態です．Aは60トンまで減らせばよかったのに，もっと減らしたので，20トン分排出権が余ります．Bは45トンまで減らさなければならないのに65トンまでしか減らさないので，20トン分排出権が足りません．そこでAからBに20トン分の排出権を売れば，ちょうど合計が105トンになります．ですから，取引後の目標排出量はAが40トンでBが65トン，そのときの限界費用はともに1,500ドルずつになります．

　取引をする際の仕組みは次のようになっています．Bは自分で45

トンまで減らすと費用がだんだん上がっていきますが，Aのほうはもっと安い費用で削減できています．取引価格が4,000ドルから1,500ドルの間で，双方が利益を得られるように交渉できます．Aは最大で1,500ドルかかっていますが，それより多くもらえたら利益があります．Bは最大で4,000ドルかかりますが，それより少ない金額を支払ってAから排出権を買えば，そのぶん得をします．このように限界費用が違うと，双方が取引して利益を得る余地があることになります．さきほど述べたようにすぐに排出量を削減することはできませんから，初期配分して目標年次の目標排出量を決め，目標年までに取引を行えばよいのです．京都議定書を例にとると，1997年に行われた京都会議（COP3）で各国の目標が決まり，2008年から2012年までが約束期間になっています．しかし，京都議定書が発効したのが2005年で，もしかしたら発効しないかもしれないという時期が長期間あったので，多くの国がまじめに取り組みだしたのは2005年以降です．約束期間までに削減するには時間的に厳しいという状況になってから排出権取引の議論をするのは，時期的に遅いともいえます．

このように，かなり前に目標を決めますが，その時点で取引を始めてもかまいません．投資してから削減するまでには時間がかかりますから，自分で投資をして削減するか，それとも排出権を買ってくるのか，あるいは投資をして削減し，余った排出権を売るのかという判断は，目標年の前に決定しておくのが理想的です．

ここでは二つの排出源だけを考えましたが，多くの排出源が取引を行うと，排出権の市場価格が成立して個々の排出源は排出権の価格を予想しながら判断することになります．

● 売り手か買い手か

排出権取引では，市場で価格が成立するので，各排出源はこの価格を見て，自分で削減するほうが排出権を買うよりも安いのか，自分で削減して余った排出権はいくらで売れるのか，自分で削減するよりも

2. 排出権取引の仕組み 51

排出権を買ってきたほうがそのぶん余計に排出できるから助かるのかといったことが判断できます．その結果，すべての排出源の限界費用がこの価格に等しくなります．この価格よりも安い間は削減して，この価格よりも自分が削減するほうが高くつくなら排出権を買ってくる．排出権の価格よりも削減の限界費用が高くなることはなく，排出権の価格に限界費用が等しくなります．そこで，さきほど述べたような限界費用の均等化が起こり，費用の最小化，効率性が達成されるわけです．

図2.3の横軸は排出量，縦軸が限界削減費用を表しています．排出量を削減するほどもう1単位削減するときの費用，限界費用がだんだん上がってきます．これはごく一般的な想定です．

たとえば，現状排出量(……)から，10年後に目標排出量(———)にまで減らしなさいといわれるとします．しかし，排出権の価格が図のような水準である場合，目標を達成するときの限界費用が排出権の価格よりも安いことになるので，この主体は排出権取引の売り手になります．取引されている価格よりも安く減らせるわけですから，規制を達成できる量以上(-・-・-まで)を削減して，余ったぶんの排出権を売りにだすことができます．これが売り手のケースです．

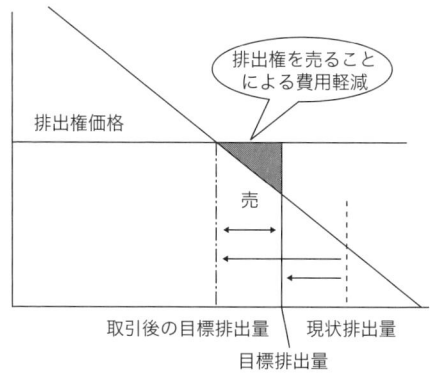

図2.3 排出権取引——売り手の場合

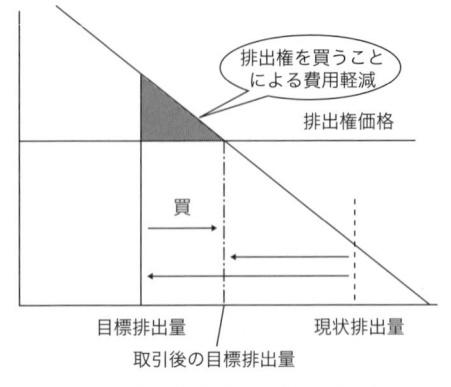

52 ■ 第2講　地球温暖化への政策的枠組み

図2.4　排出権取引——買い手の場合

　次に，買い手のケースを見てみましょう（図2.4）．さきほどと同様に現状排出量と目標排出量と排出権価格の水準があるときに，注意しなければいけないのは，目標を達成するときの限界費用が取引したときの排出権の価格よりも高いということです．この場合，ほんとうは図中の実線のところまで減らさなければなりませんが，限界費用が排出権価格の水準を超えるので，そこまで減らすよりも市場で出回っている排出権を買ってきたほうが安上がりです．自分で削減するのは排出権価格の水準までで，それ以上は排出権を買ってきて自分の目標排出量を増やします．すると，グレーの三角形の面積分，排出権を買うことによって費用を抑えることができるわけです．

● **排出権の価格**

　排出権の価格は図2.5のようになっています．横軸は排出量ですが，グラフの線は排出源ごとでなく，すべての排出源の限界削減費用を表しています．すなわち，すべての排出源について，安く削減できるものから順に並べていった点をつないだものだと考えてください．すべての排出源の限界削減費用の線と，排出権の総発行量が交わるところ

2. 排出権取引の仕組み ■ 53

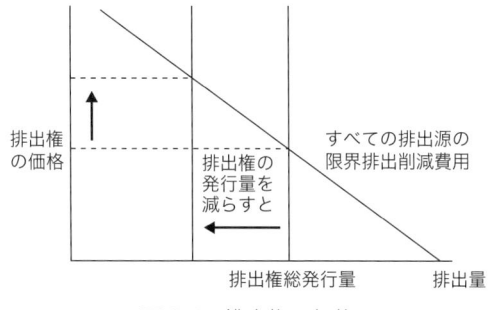

図2.5 排出権の価格

が排出権の価格になります．どういう意味かというと，排出を削減しない状態から1単位ずつ減らしていくときの費用が図中の線で表されていて，目標を達成するための最後の1単位の費用に排出権の価格が等しくなるということです．これが排出権の価格の決まる原理です．

もし排出権の発行量を減らしたとすると，交わる点が上のほうに行く，すなわち，排出権の価格は高くなります．目標が厳しければ厳しいほど排出権の価格は高くなるということです．ここで注意していただきたいのですが，排出権を最初に配るときに，無償で配るという方法もありますし，オークションで値段をつけて配るという方法もありますが，そうしたことは排出権の価格と関係がありません．無償で配っても排出権には値段がつきます．そのときの排出権の価格は，排出権の発行量すなわち排出量目標を達成するために最後の1単位を削減するときの費用に等しくなります．

最初に述べたように，大阪市で経済が成長して工場がどんどん進出してくる場合には，従来の環境規制方法では3つの対応方法を組み合わせていました．では，同様の状況で排出権取引の場合はどうなるでしょうか．大阪市の経済あるいは世界経済が大きく成長して，温室効果ガスの排出量がますます増えるというのは，排出権の需要が増え

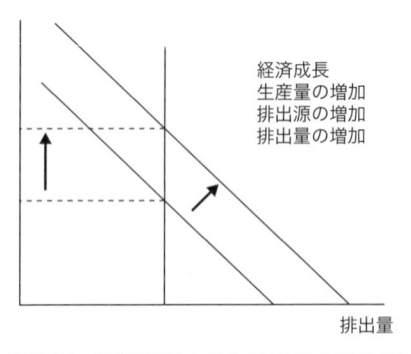

54 ■ 第2講　地球温暖化への政策的枠組み

図 2.6　排出権の需要が増えると排出権の価格が上昇する

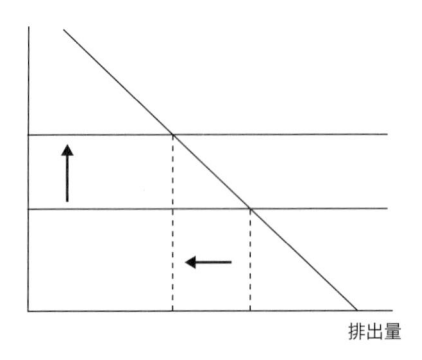

経済成長
生産量の増加
排出源の増加
排出量の増加

排出量

図 2.7　排出権価格が上がると排出量は減る

排出量

るということでもあります．この場合は排出権の価格が上昇します．これは，図 2.6 でいうと，限界費用の線が右上のほうにシフトすることに相当します．健康被害防止と温暖化防止のために，大阪市は 10 トンという目標や世界経済での目標は変えませんから，目標を達成するための最後の 1 単位，限界費用に等しい水準に価格が上がることになります．

逆に，排出権価格が上がると排出量は減ります (図 2.7)．図 2.6 では，世界全体あるいは大阪市全体の限界費用や，排出源がたくさんあると

いう光景が表されていましたが，図 2.7 は一つの排出源の限界排出削減費用を表します．世界経済や大阪経済が成長すると，排出権の需要が増えて排出権の価格が上がりますが，そうすると，各排出源は排出量を減らします．世界全体の排出権の価格が上がると，日本やアメリカは排出量を減らします．

なぜ世界全体の排出権の価格が上がるかというと，たとえば中国が経済成長しているからです．中国の経済成長を受け入れつつ，しかし，地球規模で温室効果ガスの排出量を一定に保つのですが，中国が経済成長しているので排出権に対する需要が増え，排出権の価格が上がります．そうすると，日本やアメリカは排出量を減らし，その結果として，排出量は一定に保たれます．これは大阪経済でも同じことで，たとえば大阪経済が成長していると排出権の価格は上がり，工場は排出量を減らします．こうして，トータルとしては一定に抑えられることになります．

最初に述べた従来の規制方法にはそれぞれ難しい問題点がありました．排出権取引の場合は，排出権の価格が上がることによって，既存の A 工場，B 工場，C 工場から排出量がそれぞれ減り，それによって生じた余裕の部分に新しい工場が参入することになります．こうしたことが自動的に市場で行われるのです．

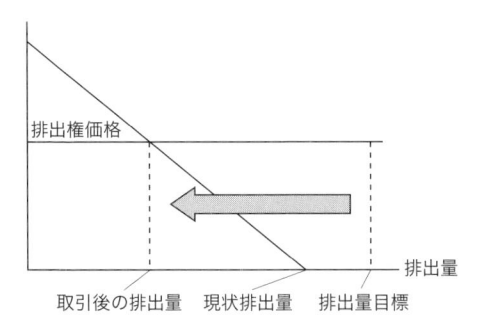

図 2.8　現状排出量より大きな初期配分（排出量目標）でも

状況によっては，現状よりも大きな排出枠をもらえる場合があります（図2.8）．京都会議のときには，実際にロシアやウクライナなどが結果的に目標排出量が現状よりも多いということになりました．京都議定書の目標は1990年の排出量に対する比率で決められましたが，京都会議が行われた1997年前後，すでにロシア経済は相当落ち込んでいました．それでも約束期間までには経済が回復して成長しているはずだから，もっと排出量目標を多くしてほしいと主張し，1997年時点よりも多い排出量が目標として定められました．しかし，その後もロシア経済は低迷を続けていて，依然として目標より少ないという状況です．こうした流れがあって，現状排出量よりも目標排出量のほうが多いという事態になっており，その差の部分はホットエアと呼ばれています．というのも，そのぶんがロシアにあるうちは実際には排出されることはありませんが，排出権取引によってたとえば日本がロシアから排出権を買うと，そのぶんは当然排出されてしまうからです．排出権取引によって現実となってしまう排出という意味でホットエアと呼ばれています．

　目標排出量が現状よりも多いということは，減らさなくてもよいように思えます．しかし，少なくともその多い分はそのまま売りにだせば利益を得ることができます．それ以上を減らすのには，やはり費用が少しずつかかってきます．それでも最初の1単位を減らす費用は国際的な排出権価格よりも低いわけですから，大したことはありません．つまり，利益を最大化しようと思えば，ロシアはやはり限界費用が排出権価格に等しくなるまで減らします．現状よりも多い排出量目標をもらったからといって，現状の排出量を減らさないとはいえないのです．

　こうした状況で地球規模での削減を考えたときに，たとえば中国に納得してもらうためにはどうしたらいいかについて現在，国際的に議論されています．京都メカニズムの一つとしてクリーン開発メカニズム（CDM）という一種の排出権取引が行われていますが，それは非常

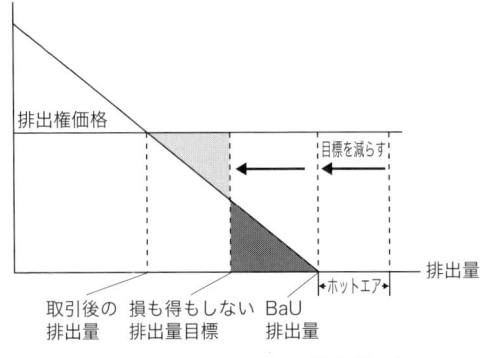

図2.9 損も得もしない排出量目標

に使いにくいものなので，なるべく中国にも先進国と同じように排出量目標を約束してもらって，本格的な排出権取引ができるようになったほうがよいといわれています．

そのときの一つのポイントは，中国に損も得もさせないということです．みんなで頑張ろうというときには，とくに一つの国に得をさせる必要もないので，損も得もしないような排出量目標で十分でしょう．これは，排出権取引を前提にすると原理的には可能な議論です．

何ら温暖化対策を行わないこと，あるいは温暖化対策を追加しないことをBAU (Business as Usual) といい，BAUの状態での排出量をBAU排出量といいます．BAU排出量分の排出権を，排出量目標として中国にあげましょうというのが一つの考え方です．つまり，何も温暖化対策をしなくてもいい排出量目標を立てるということです．

しかしBAU排出量を目標排出量にしても，やはり利益が得られます．損も得もしない排出量というのは，ちょうど半分のところにあたります (図2.9)．グレーの二つの三角形の面積が同じになる量ということです．中国にしてみれば，そこまで減らして余った排出権を売って利益がでる面積と，自分で減らす費用の面積が等しくなるので，損も得もありません．しかし，現実には排出削減の限界費用はわかりま

せんから，損も得もしない排出量目標を事前に確定することは難しいと考えられます．

● 排出権の初期配分

　各施設の排出量目標を決めて，取引の前に排出権を配分する初期配分には有償配分と無償配分があり，オークションで配るという方法もあります．オークションで配ったほうがよいという考えの経済学者は，それによる財政収入を有効に使うことができる点を重視します．

　しかし，アメリカをはじめ，これまでに行われた排出権取引を利用したプログラムでは，すべて無償で配ってきました．京都議定書も基本的に無償で各国に配っています．環境税にも共通しますが，これまでお金がかからなかったものに対して，突然お金をだせというのはなかなか合意されません．排出権取引の場合は，これまでだしてきた量より若干減らす必要があるけれども，排出権を無償であげますということにするので，環境税に比べると政策を導入しやすいといわれてきました．実際，アメリカでは環境税はまったく使われずに排出権取引が適用されていますし，ヨーロッパでもこれから説明する排出権取引を導入する前は，環境税，炭素税というかたちで，CO_2に税を課すことを試みてきたのですが，国際競争上，不利になるといった理由で実質的な税率がきわめて低く設定され，有効ではありませんでした．それに比べると，排出権取引は政策的に合意が得やすく，EUも排出権取引に一気に傾いたというわけです．EUは京都会議のとき，取引など絶対に受け入れられないと反対していましたが，それ以降の10年ほどで意見が逆転し，日本よりも先に排出権取引を導入するということになってしまいました．

　排出権を無償で配分するとなると，たくさんもらったほうが明らかに得ですから，みんなそれぞれ理由をつけて欲しがります．京都会議以前の国際的な議論としては，先進国には排出してきた責任がある，途上国は成長の権利がある，1人あたりの排出量を等しくするべきだ，

といった意見が多くありました．結果的に京都議定書の目標は，責任よりも支払い能力，負担能力に応じたものになっているといわれています．アメリカは国内的なプログラムでは，生産規模×排出係数で配分しています．

どのような初期配分方法であろうと，取引が行われた結果は必ず限界費用が均等化して，効率的に全体としての費用が削減されます．むしろ逆説的にいうと，初期配分が費用最小からほど遠いほど，取引の効果が大きい，費用の削減額が大きいということになるわけです．初期配分の公平性を考慮しつつ，同時に取引で効率性も達成できるのが排出権取引の特徴であるとする考えもあります．先に説明したように，排出権の価格は全体としての目標を達成するときの最後の一単位の削減費用で決まりますので，初期配分の方法と排出権の価格は関係ありません．

● **排出権取引の問題点**

排出権取引が使いにくいといわれる理由の一つが，汚染物質が均等に混ざらないことです．汚染は買い手のほうに集中しますから，買い手の工場付近の空気が汚くなり，売り手の工場付近の空気はきれいだということになるとよくありません．上流の工場が排出権をたくさん買って多くの汚水を流すと，中流が被害を被ることがありますので，川の水で排出権取引を行うのはなかなか難しいのです．汚染物質が拡散しすぐに混ざってしまうような状況では排出権取引が使えますが，そうでない場合は使いにくいという面があります．酸性雨は汚染物質が大気の上空を一方向に流れるので排出権取引が使いにくいのですが，アメリカは事前にアセスメントを行って，問題はないとしてこれを使っています．一方，温暖化はどこでCO_2をだそうと被害の分布には影響しないと考えられているので，排出権取引が使いやすいと考えられています．

また，排出権価格が変動することが問題だという人もいます．排出

権市場が完全競争でない場合は必ずしも最大の効果はありませんが，完全競争でなくても初期状態より悪くなることはない，初期状態よりも費用がかかってしまうことはないといわれています．

さらに当初は，汚染権の売買は倫理的に認められないという意見もありました．しかし，当面の目標は，汚染をゼロにすることではありません．限られた量の汚染物質を毎年あるいは毎日誰がだしていいのかという配分を決定する必要があって，そのための方法として使うのです．

● **練習問題**

排出権取引に関する記述で正しいものはどれでしょうか．
(1) 排出権の発行量が少ないほど排出権の価格は高くなる．
(2) 排出権を無償で初期配分すると排出権の価格が安くなる．
(3) 排出権が1トン100ドルで取引されているとき，ある企業がみずから削減する費用が1トン80ドルなら，この企業は排出権の買い手である．
(4) ある工場に排出権が排出量より多く初期配分されると，その工場は排出量を減らす動機はない．
(5) 排出権取引の対象工場は生産量を増やすと，対象工場全体としての排出量が増えてしまう．

(答えは本講の最後に記す)

3. EUの排出権取引

● **排出権取引導入の背景**

京都議定書では，地球規模で排出権取引をするということで，京都メカニズムというものを導入しました．ですから，京都議定書のもとで日本とヨーロッパが排出権取引をすることは可能です．

京都議定書は，各国が排出量目標を達成するための方法については

とくに言及していません．ですから，各国は自由に目標を達成できます．ヨーロッパでは，当初，税を導入しようとしましたが，その税率が低すぎてほとんど実効性がありませんでした．そこで，2000年ごろから欧州気候変動計画，あるいは2001年の第6次環境行動計画のなかに排出権取引という言葉が現れるようになってきて，2000年のグリーンペーパー（新しい政策について議論を喚起するための文書）でほぼ導入が決まったといわれています．そして，2001年に排出権取引指令（EUとしての法律）が提案されました．税制は全会一致の議決のため，一国でも反対すると成立しません．EUでも共通炭素税という案がありましたが，反対国があり結局成立しませんでした．一方，排出権取引は環境政策で，特定多数決という方法で議決されます．特定多数決では議決権に重みの差があって，たとえばドイツが反対しても成立してしまうといったものです．2001年にEUの行政機関である欧州委員会が排出権取引指令を提案して，2003年に決定しました．指令が決定すると，各国は国内法を整備して，その指令どおりの排出権取引の法律をそれぞれでつくらなければいけません．2004年1月には欧州委員会が排出権の初期配分に関するガイドラインを公表しました．EUで論点になるのは，加盟国どうしで，たとえばドイツとフランス，ドイツとイギリスで競争条件が対等になるようにしようという配慮が非常に強いということです．この議論は国際的な場での議論にも参考になるだろうと思われます．京都議定書が発効したのが2005年2月なので，それ以前に排出権取引の実行を決定してしまっていたのは興味深いことです．京都議定書が発効しなくても排出権取引を行うと決めていたことになります．

　EU域内排出権取引制度（EU-ETS）はこうして成立しました．2005年1月からフェーズ1が始まりましたが，取引はそれ以前から開始しています．2005年12月には追加のガイドラインが発表され，2008年1月からはフェーズ2が始まりました．

　EU加盟国は27か国にまで増えました．大規模なCO_2の排出源の

みを対象としていて,家庭,交通,業務の施設は対象ではありません.産業としては電力,鉄鋼,ガラス,セメント,セラミックス,紙パルプなどです.化学分野での排出量の多いドイツの反対によって,化学は含まれませんでした.

対象となるのは約1万3,000施設です.欧州連合全体の温室効果ガス排出量の40％です.もっと高い数字がいわれる場合がありますが,それはすべてのCO_2排出量に対する比率をとった場合です.

取引の単位はアロワンスと呼びます.2005年,2006年,2007年,2008年,それぞれのアロワンスはすべて別物です.2007年のアロワンスを2005年に使うことはできませんが,逆は可能です.そういう意味で,年次を区別するために「2005年のアロワンス」といった呼び方をしています.

フェーズ1は2005年から2007年の期間でした.もし2005年のアロワンスが余れば2006年にも使えますが,2007年のアロワンスは2008年以降には繰り越せません.というのは,2008年以降は京都議定書の目標が決まっているので,それを勝手に増やせないからです.このことが取引価格に影響をおよぼしています.フェーズ2は2008年から2012年までで,ちょうど京都議定書の約束期間に一致しています.EUはフェーズ3も行うといっています.するかしないかは論点ではなく,するということはもう決まっています.2013年以降,いつまでになるのかは決定していません【補足①】.

● **排出量のモニタリング**

期間中は,排出量のモニタリングをしなければなりません.毎年の排出量を各施設ごとに自分たちで計ります.各施設というのは工場ごとという意味ではなく,さらに詳しく,ボイラーごとに測定します.ただし,自己申告では信用できないため,国が直接検証する場合もありますし,第三者機関が検証する場合もあります.イギリスでは民間の認証会社が検証しています.さらにそれも信用できない場合がある

ので，政府はその認証会社を検証します．ヨーロッパではよくある方法のようです．

排出施設ごとに，年間排出量に等しいアロワンスを年末から4か月以内に当局に提出しなければなりません．8トン分のアロワンスしかもっていないのに10トン排出すると違反になり，その場合は罰金がかかります．フェーズ1は1トン40ユーロ，フェーズ2は1トン100ユーロです．さらに，罰金を払うだけではなく，2トン超過したら，翌年にその2トン分を加算してアロワンスを提出しなければなりません．ですから，罰金を支払ったら済むわけではなくて，環境上の相殺も必ず行うようになっています．

ドイツとフランス，ドイツとイギリス，ポーランドとイギリスなど，加盟国間では自由に取引ができます．このとき，国をまたぐ取引は京都議定書上の取引とも見なされて，京都議定書上の取引単位（AAU）も同時に移転します．たとえば，1 AAUは1トンですから，アロワンス1トンをフランスからドイツに移転すると同時に1 AAUも移転することになります．

一方，EU加盟国以外との取引は，クリーン開発メカニズム（CDM）という，途上国で温室効果ガス削減プロジェクトを実施して，その削減量を先進国が認証排出削減量（CER）として獲得できるメカニズムや，先進国で削減プロジェクトを実施して，その削減量を先進国が排出削減単位（ERU）として獲得できるメカニズムがあります．排出量目標を約束した国はAAUとERUの二つの排出権を発行できますが，もとは同じものです．ただし，欧州連合では加盟国以外からはAAUは買ってはいけません．ロシアなどからホットエアを買うことを防止するために，このように定められています．

● 初期配分

フェーズ1では，排出権を無償で初期配分しました．当然，みんなたくさん欲しがるので，配分は難航しました．とはいえ，ガイドラ

インの決定が2004年1月で，それから各国政府が協議し，最終的に決まったのはフェーズ1が始まった後の2005年6月ですから，案外早くできたといえます．ただし，その背後では訴訟がたくさん起きました．各国政府が欧州委員会を相手に欧州司法裁判所に訴訟を起こしたり，欧州委員会が各国政府相手に逆に訴訟を起こしたり，企業が欧州委員会を訴えたりといったことがたくさんありました．

国としての排出量目標が決まっても，排出権取引の対象になるのは一部分ですから，まずは排出権取引の対象になる施設と対象にならない施設とで割りふる必要があります．次に，新たに事業所ができるかもしれないので，その分を確保しておき，残りを個別の施設に配分します．配分を決定するのは各国政府ですが，ガイドラインをつくった欧州委員会には，そのガイドラインに基づいて審査して拒否できる(再提出させる)権限があります．

具体的には，各施設が過去にどれだけ排出していたかの実績に応じて配分していったというのが特徴的でした．フェーズ1の初期配分の結果は，大まかに2種類に分けられます．東欧の国々はこれから経済成長するので，排出量目標が実績排出量より大きい，つまり減らさなくてもよいことになりました．しかし，ホットエアが入り込まないように欧州委員会は非常に配慮しました．一方，もともとEUに加盟していた15か国は，京都議定書の目標を達成するためには排出量を減らさなければならない国ばかりですが，それにもかかわらず，ドイツ，イギリス，ベルギー以外の国の初期配分量は実績配分量よりも多くなっています．

その原因は，まず技術的な面では，現状からどのように減らしていくのかということよりも，「放っておくとどのくらい排出するから，それからどう減らそうか」という配分の決定の仕方をとったのですが，そのときの「放っておくとどれくらい増えるか」という予測の正確性が課題だったということです．それから，各施設が実際に今どれくらい排出しているか，十分なデータがない状況で初期配分を決めたとい

うこともあります．

　さらに，発電所に対する配分が厳しかったのも特徴です．なぜかというと，発電所は国際競争にはさらされていないからです．とくにイギリスは島国として独立していますので，イギリスの場合は削減の負担を全部発電所に押しつけました．発電所以外は減らさなくてもいいという初期配分を行ったわけです．

　フェーズ 2 の初期配分の特徴の一つとして，オークションによる配分，有償の配分がフェーズ 1 と比べて増えたことがあげられます．

● **アロワンスの価格の推移**

　アロワンスの価格の推移は図 2.10 のようになっていますが，2007 年では，ほとんどゼロに近くなっています．これは，2007 年で余ったアロワンスを 2008 年以降に繰越せないために余った排出権をもっていても無価値になるからです．価格において基本となるのは，排出権に対する需要です．それに対してアロワンスの発行量が少ないほどアロワンスの価格が高くなります．

　また，EU の排出権取引は，開始時点では 2007 年までの初期配分しか決まっていませんでした．2007 年時点で 2012 年までの初期配分がほぼ決まろうとしており，2013 年以降の初期配分はまだ決まっていません．非常に短期的にしか将来が見えないことがもう一つの特徴といえます．大きな投資決定，とくに発電所の投資決定をしようとする場合には，かなり長期まで見通せないと合理的な決定ができないと思いますが，こうした短期的な見通しで決定されていることも価格に影響していると考えられます．

　発電所が EU 全体のアロワンス保有量の 50 % 以上を占めていますから，例年に比べて寒い冬は電力がたくさん使われるといった電力需要の変化によってアロワンスの需要が影響を受けるといえます．

　取引自体は，初期配分が開始する以前，2004 年頃から始まっています．2005 年 4 月頃に天然ガスの価格が上がり，石炭に需要がシフ

図 2.10　EU の CO_2 排出権取引の価格
Point carbon より

トしました．石炭は CO_2 をたくさん排出するので，アロワンスの需要が増えて価格が高くなりました．2006 年 4 月に一気に価格が下がっているのは，2005 年の排出量のデータが発表になった時期と重なっています．あまり排出量が多くないことがここではっきりわかり，アロワンスを発行しすぎたということが判明して，価格が急降下しました．ですから，本来はこの低いほうの価格が基本的な価格ということになります．このように荒っぽい値動きが起こるような制度はとうてい導入できないという意見が日本にはありますが，廃止することなく継続しています．最後にまた価格が下がっているのは，排出権を配りすぎて安くなっているというのと，さきほど述べたように 2007 年末でいったん排出権の価値が無価値になるため，使い切ってしまうという流れがあったためだと考えられます．

　図 2.10 のグレーの線は 2008 年のアロワンスの価格です．2007 年の価格はほとんどゼロになっていますが，2008 年はおよそ 20 ユーロで取引されています．将来有効になる排出権の取引を前もって行いますから，排出権が有効になる時点ではすでに投資が終わっていなけ

ればなりません.

● アロワンス初期配分時の問題

　実際にはなかなか教科書どおりにはいかず，いろいろな問題が発生しています．それはおもに無償でアロワンスを初期配分しようとすることから発生する問題点です．

　一つ目は，ウインドフォール・プロフィットです．棚ぼた利益とも訳されますが，排出源であるのに利益がでてしまった主体がいることです．つまり，アロワンスは無償で配分されたのですが，電力の卸価格がその分だけ上がってしまった．無償でもらったのに生産物の価格が上がったために，発電会社がそのぶん予期しない利益を得てしまうという構図が生じます．それに対して，電力の需要者はそのぶん高い電力料金を支払わなければいけませんから，非常に不満が渦巻きました．これは競争的な市場では起こりうることで，とくに悪いことをしたのではなく，市場構造の結果，そういうふうになってしまいます．とはいえ，温暖化対策をみんなでしようというときに，特定の主体が不労所得のようなものを得た，しかも需要者から発電者に対して所得移転が起こったわけですから，非常に評判が悪くなりました．ドイツやイギリスはこの経験をもとに，フェーズ2の初期配分でウインドフォール・プロフィット対策として部分的にオークションを取り入れ，発電所に対する配分を減らして，そのぶんオークションするようにしました．

　2番目は，基準年のアップデーティングと呼ばれています．ある工場が頑張って削減したとします．しかし，次のフェーズ2の初期配分が，フェーズ1で頑張って削減したものに基づいて配分されることになると，損をするわけです．実際にいくつかの国はそういう配分をしました．苦労して減らしたのに，次のフェーズ2の配分がその減らした分を基準に配分されるとなると，ばかばかしいので減らすのをやめようという動機が働いて，排出権取引が若干正常に機能しなく

なりました．これについては，理想的には初期配分を何十年にもわたる長期的な取り決めとして定めてしまうのがよいのですが，温暖化の状況は刻々と変化しますから，果たしてそれができるかどうかが議論されています．

3番目は施設の閉鎖です．施設が閉鎖されたら，閉鎖された施設の分までアロワンスを無償で配るのはおかしなことです．しかし，施設を閉鎖したらアロワンスが無償でもらえなくなると，「それならもう少し施設を使い続けようか」という動機が働くのです．大きなことではないかもしれませんが，こういう問題も起こりうるのです．

それから，同じ技術を使った発電所なのに，各国間で配分が違うということもあります．これは無償の初期配分に起因する問題で，国としての目標の厳しさが違うので，目標の非常に厳しい国と目標の緩い国では同じ石炭火力でも配分が違って当然なのですが，競争上は問題があります．

また，これは京都議定書にもいえる問題点ですが，初期配分の期間が短いということです．フェーズ1は2005年から2007年までのたった3年間，フェーズ2も5年間です．しかも，その初期配分が間際に決まるため，長期的な見通しが立たないという問題があります．京都議定書の約束期間は5年ですが，現在，EU内では，京都議定書を今後使い続けるとしても，もう少し長い約束期間が必要ではないかという意見がでています．しかし，温暖化の進行は予測しきれないので，それが可能かどうかはまだわかりません【補足②】．

4. 排出権取引の今後

今後，EUの排出権取引自体が継続することには議論の余地はありません．ただし，初期配分の方法を改善する必要があり，その改善方法についての議論がすでに始まっています．これまでは各国の政府に任せていましたが，それをもう少し共通化しようという流れになって

います．また，最低このくらいの量はオークションしなさいというオークション率を決めようともいわれています．あるいは，同じものを生産しているのに，生産量分の排出量が国によって異なるのはおかしいので，国の目標の厳しさにかかわらず，これをベンチマーク(基準)として定めて初期配分するという考え方が議論され，2013年からはベンチマークが設置されることになりました．

また，今後は対象排出源を拡張していくことになっています．しかし，小規模排出源，たとえば個々の家に対してモニタリングを行うのは不可能です．現在，EU域内で離発着するすべての航空機についてアロワンスをもつように義務づけることが現在検討されています【補足③】．

EUには加盟していませんが，欧州経済領域に加盟しているノルウェー，アイスランド，リヒテンシュタインが，EUの排出権取引を採用することを決めました．これで合計30か国になります．

さらに，アメリカのいくつかの州が排出権取引を導入しようということになり，ヨーロッパとの連携協定が2007年10月29日に成立しました．

現在，日本では排出権取引を導入すべきかどうかの議論が行われています．無償配分によって発生しているいくつかの問題については，100％オークションとするのが最も直接的な解決方法ですが，そうすると無償で配るから政策的に導入しやすかったというメリットが失われてしまいます．EUでは，単独でドイツなどがオークション制度を取り入れはじめましたが，国際的な競争にさらされているその他の製造業に対して，オークションを要求することがこれ以上すぐに広がるのはなかなか難しいと思います【補足④】．

発電会社は別にして考えなければならないでしょう．アメリカで北東部の州が計画していた排出権取引は，発電会社だけを対象として，100％オークションを取り入れています．発電会社だけならば可能です．

公平な初期配分とはどのようなものかという議論は EU 内ではかなり行われています．それは国ごとの目標を決めるときにもかなり影響をおよぼすと思われますから，国際的な制度と国内の制度の両方をしっかりと見ながら検討していく必要があると考えています．

【補足】

① 2008 年末に，フェーズ 3 を 2013 年から 2020 年までとすることを決定した．
② 2008 年末，EU は 2020 年までの目標と 2028 年までの暫定目標を決定した．2013 年から 2020 年までのフェーズ 3 は，8 年間となる．
③ その後これは決定し，2012 年から開始される．
④ 2008 年末の合意によれば，2013 年以降は原則オークションで初期配分を行うが，炭素リーケージが起こりうる産業についてはオークションの対象にしない．

【練習問題の答え】

(1)　○
(2)　×：排出権の価格は，無償で配分しようが有償で配分しようが関係ありません．最後の 1 単位削減するときの限界費用に等しくなります．
(3)　×：買い手ではなくて売り手です．自分で減らすほうが安いからです．ただし，この問題は目標の水準が書いてありませんから，少しわかりにくかったかもしれません．
(4)　×：さきほど述べたように，原理的には，合理的な工場経営者ならば，減らして余った排出権を売ったほうが得をすると考えます．少なくともホットエアの部分は丸ごと利益になります．

(5) 　×:排出権の総発行量は固定されているので,新たに排出量を増やそうとする排出源は,他の排出源から排出権を買い取らねばなりません.

第3講

豊かさと公平性を巡る攻防
ポスト京都に国際社会はたどり着けるか

明日香 壽川

1.「参加」と「実効性」のウソ

● 温暖化問題懐疑論について

　温暖化問題について，いわゆる懐疑派の人たちは大別して，「地球は温暖化していない」「CO_2 は関係していない」「温暖化して何が悪いのか」という三つの意見をもっています．なかでも「CO_2 は関係していない」という意見については，CO_2 が原因で温暖化しているという証拠を示す必要がありますが，その答えをだすことはなかなか困難です．単純に物理学と化学における対照実験をして証明するためには，もう一つの地球とタイムマシンが必要だといわれています．つまり，CO_2 をどんどん増やしていった地球と，増えていない地球を並べて，それぞれの 100 年後を比較検討しなければ，対照実験という意味での証拠にはなりえません．

　CO_2 以外にも，温度変化に影響をもつ要因にはさまざまなものがあります．太陽の活動，火山の活動，自然変動などです．気候モデルによって，人為的な CO_2 の排出を考慮したシミュレーションと考慮していないシミュレーションを行うと，後者では過去の温度上昇，温度変化が再現できません．しかし，前者では 100 年，200 年の詳細かつ地域的な変化も含めて過去の温度変化を再現することができます．したがって温暖化は，人為的な CO_2 排出が原因ではないかという説

明をつけることができます．しかし，これでも，モデルを作為的につくりあげたのではないか，虚偽の説明をしているのではないかという反論をされます．

1992年，ピナツボ火山が噴火したときに，一時的に地球の平均気温が下がりました．SO_2 は温度を下げるファクターになります．ピナツボ火山の噴火によって SO_2 がどれだけ排出され，温度がどれだけ下がるかを気候モデルで予測し，それが的中しています．現在の気候モデルは，十数年前からつくられ，このピナツボ火山の噴火も考慮したものになっていますが，そのころから現在までの温度上昇は，地域差も含めてかなりの精度で再現できています．

もう少し細かい話になりますが，温室効果がなければ地球の気温はマイナス19℃です．現在，地球の平均気温は14℃ですから，この差である33℃の上昇が温室効果ガスによってつくられていることになります．温室効果ガスには，CO_2 をはじめとして水蒸気，N_2O，フロン，メタン，オゾンなどいくつかの種類があります．それぞれの赤外線吸収率などを測定し，どれがもっとも影響を与えているかということを調べます．CO_2 と温度上昇の関係は歴史的にある程度わかっているので，CO_2 の濃度が2倍になると温度がどれくらいに変化するかという感度を計算し，その計算を元にすると，この100年くらいで大きな変動要因がないと仮定すれば，CO_2 の増加に対し，温度がこれだけ上昇する，という議論が可能です．

このような仮定に対し懐疑派の人たちは，太陽から飛んできた宇宙線が雲をつくり，それによって温度上昇が起きているのではないかと，温暖化は太陽活動に起因するという主張をします．ただ，太陽活動の大きさにこの30年，40年で大きな変化はありません．要因を CO_2 に限定するのはなかなか難しいところではありますが，そのように温度上昇の影響があると考えられるものを消去していくと，最後に CO_2 が残るというのが観測に基づいた事実です．

また，CO_2 が増えると赤外線の吸収が増えて温度が上昇すること

はある程度わかっています．温度を33℃上げている要因のなかでもっとも大きな役割を果たしているのは水蒸気ですが，CO_2がそのバランスを壊しています．いかに水蒸気の占める役割が大きくても，CO_2が増えることによって，バランスを崩し，温度が上昇しています．したがって総合的に判断して，約90％以上の確率でCO_2が現在の温暖化の原因ではないかということが先般のIPCC第4次評価報告書において結論づけられました．

もちろんまだわかっていないファクターが温度上昇の原因になっている可能性もあります．たとえば，宇宙人がどこかの惑星で地磁気に影響を与えているという議論も仮説としては可能です．そのような可能性もゼロではありませんが，おそらく限りなくゼロに近いだろうということで，現在議論は結着しています．

アメリカの元副大統領ゴアの出演したドキュメンタリー映画『不都合な真実』(2006)でもふれられていますが，5～6メートルの海面上昇は事実ではないという批判があります．しかし，グリーンランドや南極の氷がすべて解けると，それくらい海面は上昇します．たとえばグリーンランドは，高いところで数キロメートルの高さがある氷の塊です．近年，内部の状況を調査することが可能になり，その結果，氷の解ける速さはIPCCの第4次評価報告書にかかれているよりもかなり速い速度で進行し，海面上昇が起きているのではないかという議論がさかんになってきました．映画のなかでは何年で解けるということはふれていませんし，具体的なタイム・スケールに関しては，科学者としての共通見解もまだでていません．長い歴史のなかでは地球の海面が上昇している時期がありましたが，そのころは現在よりも海面が数メートル高く，温度も数度高かったそうです．これからどうなっていくかはまた別の話ですが，温暖化すれば氷が解けて海面が上昇することは100％確かな事実です．

●「参加」という曖昧な言葉の意識的／無意識的な乱用

京都議定書について,「中国が参加しない」「アメリカが参加しない」「オーストラリアも参加しなくなった」「大量排出国が参加すればよい,もしくは参加すべきだ」という議論があります.

単に"参加"という言葉ではなく,もともとは"意味のある参加"という言葉でした.この言葉はアメリカ政府,ブッシュ政権がいいだした言葉です.これは開発途上国,とくに中国,インドが"意味のある参加"をしなければアメリカは参加しないという文脈で使用されました.それが日本においては"意味のある"が取れ,"参加"となり,"参加しなければならない"となりました.

中国は京都議定書に参加はしています.また途上国も参加しています.排出削減の義務は負っていませんが,京都議定書を批准しているという意味で参加しています.

では,大量排出国や中国,ロシアが参加すれば実効性があるのかというと,ロシアが参加しても,温暖化防止という意味ではあまり実効性がありませんでした.それは後述しますが,排出権取引制度というものがあり,ロシアは何も対策しなくてもよいような削減義務を負ってしまい,逆に余っている余剰分を売却してもよいということになってしまいました.このような形で参加するということはあまりよい意味をもちません.すなわち,ただ参加すればよいというのではなく,内容が重要です.交渉が始まる前から参加しないという国はありませんし,参加するといってもその言葉自体に何の意味もありません.安倍元首相が提案したクールアース50（美しい星50）三原則というようなものがあり,温暖化に対してすべての大量排出国が参加することが原則になっていますが,中身次第では何も意味がない原則になる可能性もあります.

基本的にこのあたりの議論は,京都議定書がもともと不公平なので日本は守る必要はないという主張の伏線になっている部分があると思います.ポスト京都で,アメリカや途上国が参加しないのならば,日

本が意欲的な削減目標をコミットする必要はないというような議論がこれから強くなるかもしれません．これは他国をスケープゴートにしているような議論だと思います．誰が悪いかという議論になると，環境省，経済産業省，民生部門，運輸部門，中国，アメリカなどが悪いということになり，結局は，「みんなが悪い＝誰も悪くない」ということになってしまいます．

2. 公平(フェア)とは？

●「公平」あるいは「正義」

　開発途上国は京都議定書に参加しているものの，削減義務は負っていません．それはなぜかということになると，京都議定書における公平とは何かという議論になります．

　「正義」や「公平」にはさまざまな定義・議論があります．ローマ時代の法律家ウルピアヌスは最初に公平や正義に関して議論した人物とされていて，彼は「正義とは各人に各人のものを与えようとする恒常的な意思である」と定義しています．また，正義論で有名なアメリカの哲学者ロールズは「正義にかなった不平等は，社会的，経済的組織の効率以外，根拠を有しない」と主張しています．少し意味がわかりにくいかもしれませんが，とくに後者は，おそらくインドや中国などの大量排出国が排出削減義務や抑制について何らかのかかわりをもたなくてはならないということの根拠になっているのではないでしょうか．つまり小さな国が集まれば，排出量は大きな国と同じになりますが，大きな国で削減したほうが効率的だということで，中国やインドが行動しなければならないという主張です．つまり，ロールズの言葉が，この主張の根拠になっていると思います．もちろんそれがよいかどうか，中国やインドの人がそれに対してどう思うかという議論はまた別にあります．

● 途上国にとっての「公平」は開発の権利

ただ先進国と開発途上国では1人あたりの排出量がまったく異なることは十分認識されるべきだと思います．CO_2 の排出量とエネルギーの消費量はほぼ相関関係がありますので，電気をたくさん使ったり，自動車や電車に乗ったり，都会に住んでいたり，いわゆるより文明的な生活をしていれば，1人あたりという意味では当然より多くの CO_2 がでます．途上国の人たちが議論するのは，なぜ電気を使ったり，車に乗る権利が自分たちにはないのかということです．たとえば私たちがいま議論しているのは，「途上国の人は車に乗ってもよいけれど，ハイブリッド車しか乗ってはいけませんよ」ということです．彼らは「なぜ私たちは中古のガソリン車しか買えないのに，それに乗ってはいけないのか．なぜあなたたち(先進国)にそんなことをいわれなければならないのか」という議論です．

なぜここまで話が難しくなるのかというと，温暖化問題というのはいわゆる分配問題だからです．たとえば，温度上昇を2℃以下に抑える＝CO_2 濃度を550ppmに抑えるということを前提にすると，今後100年で人類が排出可能な CO_2 排出量が決定します．その排出量を現在地球上に住んでいる人全員と，その子孫の代までの間で分配するということと同じことです．これがもし目に見える，たとえば食料やカロリーで仮定すると，1人あたりのカロリーは先進国と途上国で大きく違いますが，それを分け合うとなると，いままで多く摂ってきた人たちは，いまよりも減らすのを拒みますし，少なく摂っている人たちはもっと摂りたいと思うでしょう．総量が決まるのであれば，当然自分たち，自分たちの子孫の取り分を多くしようと交渉します．途上国は非常に公平性を大事にしますので，このような理由から，国際交渉は困難な状況にあると思います．

さらにもう一つ議論すべき点は，少々の CO_2 濃度の上昇であれば逆に利益を得る国もあるということです．先般の IPCC の報告では，たとえばノルウェーなど極地に近い国々は，温度が高くなることに

よってGDPがプラスになります．温度が高くなれば，食糧も増産され，ロシアにおいては海運もスムーズになるなど，さまざまな利点があります．ただ温度上昇が3℃，4℃以上になるとそのような国でもマイナスが大きくなり，結果として国際社会全体でかなりマイナスになります．すなわち，1℃，2℃の上昇であればプラスになる国もあるものの，そのような国は極地に近い国が多く，少しの温度上昇でも悪影響を受けるのは，より赤道に近い「南」に位置する途上国が多いのが実情です．

●「公平」を突き詰めて考える

地球の平均気温が2℃上がったとします．「2℃くらい上がってもたいしたことないのではないか」と思われるかもしれませんが，2℃というのは全球の平均です．全球で2℃上がるということは，部分的には4℃，5℃上がるところもあるということです．たとえば日本では仙台の人たちの「温度が上がって何が悪いのか」という議論が新聞に載ったことがあります．温度が高いときのほうが歴史的に北方の力が強くなるといわれたりしました．

このような事情もあり，利を得る国は何もしたくないということになります．かつそのような人々の多くは，何か問題が起こったときにも逃げ道を持っています．

たとえばハリケーン・カトリーナがニューオリンズを直撃したときに，車をもっている人はやはり皆，車で逃げました．車がなくて逃げられない人たちはそれなりの被害を受けてしまいました．車で逃げた人は保険に入っているので家がなくなっても大丈夫かもしれませんが，保険に入っていない貧しい人たちは困ります．これと同じことで，現在でも自然災害で途上国は大きな被害を受けていますが，その状況を悪化させているのが北半球の国々がだしているCO_2ではないかと，南半球の人たちは考えています．したがって現在，途上国に対して先進国の人たちが排出量の削減や，温暖化対策について意見をいうと，

図 3.1 途上国から見た現状

それに対する反発の気持ちがきわめて強いと思われます．

図 3.1 のイラストは，私がアイデアをだしてプロのイラストレーターにかいてもらったものですが，まさにこのような状況です．

背中にジェット噴射機を背負っているのがポイントで，これで逃げることができます．単純にいえば，日本も海面上昇に備えて堤防をつくればよいかもしれませんし，堤防をつくることによって GDP が上がるので，それで幸福な人はより幸福かもしれません．しかし，結果的にそのときに困るのは途上国ではないかと，途上国の人たちは考えているので，先進国から CO_2 排出削減や，温暖化対策について文句をいわれても，簡単に了承はしないということです．

数年前に，中国政府の交渉担当者と長い時間話をしました．私は，日本では「中国の人はこう思っていますよ」とか「途上国の人は困って

いますよ」と，どちらかといえば中国や途上国側に立って話をするのですが，中国では「日本の人はこう思っているよ」とか「中国は大国なのだから，ある程度責任はあるし，少しでも何かコミットすることも考えてはどうか」というかたちで，たとえ嫌な顔をされようとも，日本や世界が中国に対して思っているようなことをいっています．

そういう場合，彼らからは「日本は京都議定書も守れないのになぜそんなことをいうのか．北京では豊かかもしれないが，田舎に行けば，ほとんど電気を使っていない人たちが中国全土で数千万人もいる．これからみんな石炭を使い，電気を使い，生活していく．そして人口も増える．そういうなかで CO_2 を減らすということがどういうことなのか理解しているのか．自分の背景には十数億人の人たちが控えている．そういう人たち，子どもたちの未来を考えずに簡単にコミットメントはできない」といわれてしまいます．

中国では 2005 年から 2010 年までの第 11 次 5 ヵ年計画というのがあり，そのなかでエネルギーの原単位を 20％削減するという目標を持っています．「どの産業の効率を上げ，そのために工場をどれだけ廃止しなければならないか」ということに対し，国と企業がさまざまな政策をすでに行っています．その意味で，この 20％削減という数値を国連の気候変動枠組条約の下で宣言すれば，すでに国内で提示している数値であるのでとくに不具合がないのではと簡単に思われますが，現状ではそれはできないとされています．

その理由には三つあります．一つはやはり公平性の問題です．ブッシュが大統領だったときのアメリカは何もしない状況で撤退し，数値目標もだしていませんでした．その状況で中国だけが数値目標をだすのは不公平ではないかということです．そして二つ目は，国内でだしている数値であっても一度国際社会にコミットメントすると，どんどんハードルが高くなっていく懸念があります．三つ目は 20％という数値はあくまで努力目標であり，実際達成するのはそう簡単ではないと考えていることです．

そのような公平(さまざまな公平がありますが)を突き詰めて考えると，正義論，黄金律と続いて，究極的には責任と能力という基準に行き着くのではないかと思います．この場合の黄金律というのは，イスラム教や仏教，キリスト教など，どのような宗教にも共通して書かれている教えのことです．たとえばキリスト教においては「自分がやられて嫌なことを人にはするな，自分がやられてうれしいことを人に対してもやりなさい」ということです．

もしみなさんが途上国に生まれて，電気をあまり使っていなくて石炭しか燃料がないと仮定し，これから生まれる子どもたちに石炭の使用を禁じ，エネルギーを使ってはいけません，車に乗ってはいけませんと自分の子どもにいえますか，いわれた子どもはどう感じるでしょうか．やはり何らかの権利を認めないといけないのではないかと思います．もちろん途上国の人たちが多くの CO_2 を排出してよいということではありませんが，少なくともあるレベルまではエネルギーを使うことが許され，そしてそのレベルを決定するときに，基本的にその責任と能力を考えるべきではないかということです．ここでいう責任は1人あたりの排出量です．アメリカでは CO_2 は汚染物質と規定されています．基本的に排出してはいけないものを排出したときには当然それなりの責任を負わなければなりません．また，能力とはお金をたくさん持っている人は税金をたくさん払うべきではないかという税金と同じ考え方です．したがって1人あたりの排出量と1人あたりの所得によって義務を差異化し，排出量，所得が少ない人は1人あたりの CO_2 排出量を増やしてもかまわないが，排出量，所得が多い人は何らかの削減をしなければなりません．具体的にいうと，1台目の車を買うときは中古のガソリン車でもよいが，2台目，3台目と買うときには，必ずハイブリッド車にしなければならないというような差別化をはかることです．

そのような基準を考えなければいけないのではないかと，多くの研究者とNGO，EUは考えています．少なくとも確立したフレームワー

クで的確な議論がなされているポスト京都に関する国際枠組みには，多かれ少なかれエッセンスとしてこのような考え方が含まれています．

中国の北京や上海を見ると，日本人よりも多くのお金を持っている人がたくさんいるようなイメージがあると思います．つまり途上国のなかでもまた格差が存在し，それをどう考慮するかということが問題になっており，とくに先進国からは，そういういわゆる富裕層は富裕層で，何か別の基準を使って責任をもたせるべきだという意見がでます．しかし，途上国の当事者からは，「内政干渉だ」「日本国内でも東京と沖縄では所得が違うが，何か別のことをしているのか」という反論を受けます．

さらに付加すると，中国には非常に効率の悪い発電所や製鉄所が多くあります．これは車にたとえると中古車のようなものです．これらを統廃合して効率的な設備，いわゆるハイブリッド車をつくればよいという考えもありますが，その場合に問題になるのが雇用問題です．このような産業構造改革問題とは別に，中国には，まったく電気を使っていない人たちが数千万人いるという問題があります．

● 公平性と環境十全性と現実性とのトリレンマ

日本ではこうした公平性に関しては，あまり議論されてきませんでした．結果として，「みんなが参加できるような制度」という曖昧な結論になり，何らかの議題がでても，曖昧なコミットメント，玉虫色の交渉結果しかでてこないのかもしれません．ただこれは国民全体の意識にも問題はあると思います．

個人的な見方ですが，ここ数年内に，途上国や中国，インドが義務的かつ厳しい数値目標をコミットする可能性は非常に少ないのではないかと思います．そうなると先進国が数値目標をどうするのかということになります．それをどう差別化するかという意味では，1997年の京都議定書の交渉のときとまったく同じ構造になると思います．ただそのときと違うのは，現在においては「2050年に半減」「2℃」とい

う言葉が共通認識となりつつある点です．とくに EU では「2℃」という言葉が声明の中に書かれるなどしています．これらのことを前提として議論が進むことが予想されます．

　地球全体で CO_2 排出量を半減するということになると，途上国の人口も増えるので，先進国は 60〜70% 削減しなければならず，2020 年，2030 年においても 20〜30% 削減しなければなりません．そのなかで先進国が分担するわけですが，そのときに1人あたりの CO_2 排出量，エネルギー消費量，GDP 単位のエネルギー消費量など，どのような基準を設けても先進国においてはあまり差はでません．日本は省エネ大国といわれてますが，ある分野では省エネが進んでいるけれど，全体としてはそうでもなく，また，決して日本だけがよいわけでもありません．そうなると日本が 20%，イギリスが 25% というように，数%ほどの差しかでないのではないかと考えられます．

　このような形で交渉が進むと思われますが，これまで EU と対峙していた日本，アメリカ，オーストラリア，ロシア，カナダという国が，この数字に対してどう応じるかということが，これからの交渉のなかでもっとも大きな問題になると思います．

3. マルチ・ステージ・アプローチ

　ポスト京都の枠組みとして注目されているマルチ・ステージ・アプローチについてもう少し具体的に説明します．

　前節までで，幾度となく「1人あたりの排出量」「1人あたりの所得」という言葉をだしてきましたが，マルチ・ステージ・アプローチはこの二つの基準で考えます．まず国々を三つか四つのグループに分けます．三つに分けた場合，「1人あたりの排出量」や「1人あたりの所得」が少ない国はとくに削減の義務はなく，そのかわりに何らかの問題が起きれば，補助金をだす，あるいはサポートをするという形をとります．基本的に想定されている国はアフリカなど，温暖化によって甚大

な被害を受ける国を対象にしていると思われます．2番目については排出量も所得量もそれなりにあるという中国などで，総量規制ではないけれども，たとえば原単位といわれているGDPあたりのエネルギー消費量を下げるような義務を負うかたちで提言することになるかと思います．最後に一番上のステージの国，いわゆる先進国については，何％削減，総量削減という目標を国として立てるということになります．このような考えを多くの研究者が提案しています．

　当然ながら，「1人あたりの排出量」「1人あたりの所得」が大きくなれば，上のステージへ移ります．したがってここには各ステージからの「卒業」という考え方が入っています．例えば，中国もいまは絶対量の排出削減をしなくてもよいが，2020年，2025年，ある一定の基準になれば，削減しなければならない，ということになります．ただ20年後，30年後のことをいまからコミットメントできるかというと難しいところだとは思います．

　また，「1人あたりの排出量」だけを基準にする場合もあります．1人あたりの排出量が少ない国は，1人あたりの所得も少ないという意味で概ね相関関係があります．その場合でも基準の割合を排出量に重点をおくよりも1人あたり所得に比重をかけ，所得が多い人・国は何らかの義務を負うべきだという考え方もあります．比重は場合によって変動します．その理由の一つは，1人あたりのCO_2排出量が多くても貧しい国はあるからです．たとえばエネルギーとして石炭し使えない国もありますし，また大きな問題としては，マレーシアでは，森林火災や伐採によって自然界から多くのメタンが放出されています．それによって温室効果ガス全体でみたときに，1人あたりの排出量という意味ではマレーシアは日本よりも大きくなりますから，このような場合に所得の概念を考慮することになります．これら国ごとの個別の事情をかんがみることが必要になってくるので交渉としてまとまりにくいということが実際ではないかと思います．

　他にも第二次世界大戦後のヨーロッパ復興に貢献したマーシャルプ

ランのように，アメリカが多額のお金を途上国に投入したらよいというようなアイデアや，技術の研究開発のファンドをつくり，それで新しい技術を開発をしたらよいというアイデアなど，さまざまなアイデアがあります．しかし，ではそれで本当に CO_2 排出量が減少するのか，あるいは CO_2 濃度が何％くらい減少するのかということに関しては多くがあいまいです．ですからまだ多くの提案が，大枠のフレームでしかありません．

したがって，定量的に評価が可能で，かつ定量的に評価されているものは，マルチ・ステージのような枠組みしかないのが事実です．つまり，先述の三つないし四つの基準で分けたときに，2℃や，550ppm という値を当てはめると，それぞれの国が何％を何年で減らさなければならないか，そのときのコストはいくらかかるか，それは GDP の何％くらいかということがすべて計算されています．

そこで EU もこの考え方を推進しているのですが，国際交渉においてはまだ議論があまり進んでいません．日本においてもシンクタンクなどが計算しているものの，マルチ・ステージの考え方において，日本が位置しているステージはここで，何％の削減が必要で，技術導入もふくめコストがどれくらいになるかということについて概算はあるものの，議論は不十分なのが現状です．

4. キャップ＆トレードとセクター別アプローチ

● キャップ＆トレード：人気と実力

排出権取引制度，いわゆるキャップ＆トレードには"国際"と"国内"があり，どちらの場合も効果がないということはありません．国際とは，総量目標は国がそれぞれ持ち，国同士でトレード(取引)してもよいということです．ちなみにアダム・スミスは「人間とは取引をする動物なり．犬は骨を交換せず」と『国富論』のなかで述べています．この「取引」がポイントで，自国で対策するより，他国でしたほうがコス

トダウンできるのならば，他国とトレードしたほうが両方に利があるのではないかという発想から，排出権のトレードが盛んになりつつあります．

排出権取引制度は CO_2 だけでなく，既に SO_2 などさまざまなもので行われています．とくに有名なのがアメリカでの SO_2 の排出権取引制度です．なので，キャップ＆トレードには実はかなり歴史があります．たとえば，EU は 2005 年から，企業に対して排出制限と，遵守できなかった場合にペナルティを課す排出権取引制度 (EU-ETS) を始めています．それが効果があったかどうか，その制度を日本に導入するかどうかということが現在課題になっています．それについては，効果があったと考えることが一般的とされています．とにかく，カーボンに価格をつけることが重要であり，価格を設定すれば，それに伴いエネルギーの価格が上がり，また CO_2 をださない再生可能なエネルギーの価格が下がり，再生可能エネルギーなどの発展に貢献するのではないかという考え方です．

前述のようにトレードは非常に効率的であり，かつ公平ではないかということで排出権取引制度の評価は高くなっています．経済学の理論では，炭素税も排出権取引制度も同じようなもので，両方ともカーボンに価格をつけるので，完全競争社会の下では同じものだということが書かれていますが，キャップ＆トレードが炭素税と大きく違う点は，排出に枠(制限＝キャップ)をかける点にあります．炭素税の場合はどれだけの価格設定をしたら想定した排出の枠内に収まるかがわからないので，何度も価格を見直さなければなりません．一方，キャップ＆トレードの場合は，量はわかるけれど価格がわからないので，実際に実行するときは量と価格のどちらを重視するかという議論がでます．

もう 1 点，キャップ＆トレードの利点は，すでに他国にその制度が導入されている点です．既存の市場があれば，そこで取引可能なので，自国内にも排出権取引制度を導入して，他国とリンクさせたほう

が効率的であるということです．このような理由からオーストラリアやニュージーランドも排出権取引制度を導入しようとしているところです．

オーストラリアは前の保守政権のときに，2010年から排出権取引制度を導入する決定をしました．オーストラリアは2006年に，白人が移住してきたころ以来の大干ばつに襲われました．そのような異常気象，温暖化が国民の間でも大きな問題になり，国として何らかの対策を行う必要性がでてきたのです．ちなみに，近年は山火事も世界中で多数発生しており，ヨーロッパ，とくにギリシャは森林の4割が山火事の被害にあっております．

このような情勢もあり，排出権取引制度はいま盛んに議論されており，多数の国が導入しようとしています．また，すでに多数の国が導入済みです．加えて政治的モーメンタム（勢い）もあります．EUにおいては当初は共通炭素税の導入を検討していましたが，EUの場合はEU内の全ての国が了承しなければならないこと，そのころは必要性があまり認識されていなかったことがあり，何度も失敗していました．そこで，京都議定書にでてきた，比較的新しい制度ではあるけれども，うまく機能する可能性があり，かつEUの拡大も目指せるという思惑でキャップ＆トレードを選択した経緯があります．

● セクター別アプローチ

現在，途上国のコミットメントとして脚光を浴びているのが，セクター別アプローチというものです．

日本経団連は基本的に国別の総量目標はつくるべきではないというポジションペーパーを2008年ごろまでだしていました．つまり，セクター別に，鉄鋼であれば国際鉄鋼協会のようなところで共通目標をもてばよいのではないか，先進国であっても，国が数値目標をとる必要はないのではないかという主旨です．しかしこの考え方は「セクター別アプローチ」に関する議論の主流ではありません．ここで述べるセ

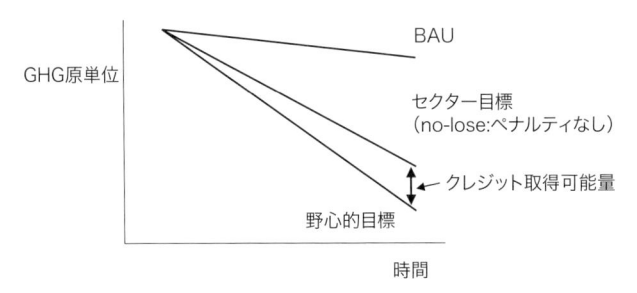

図3.2 セクター別アプローチ

クター別アプローチは，途上国においては国全体では難しいものの，セクターであれば何らかのコミットメントができるのではないかという考えに基づいています．具体的にはある特定セクターでの原単位目標（たとえば鉄を1トンつくるときのCO_2排出量あるいはエネルギー消費量）を決めます．ここではセクター全体がキャップを受け入れたことと同じになります．原単位がわかり，生産量もわかれば，その業界の排出可能量の上限が計算できます．また途上国においては目標未達成のペナルティなし（no-lose目標）でもよいのではないかと考えられています．中国の場合は，効率のよい大規模な工場と非効率的な工場をいっしょにするのは不具合があるので，大規模工場だけのコミットメントにすればどうかなど，さまざまな提案があります．

図3.2のBAUというのは何も対策をしなかった場合（Business As Usual）です．何らかの目標を設定し，それ以下に減らした場合は，その差をクレジット取得分として売却してもよいということを表しています．

先述のように，中国の場合は2010年までにエネルギー原単位20％削減などの国家目標と整合性があるセクター別目標数値で，かつ罰則がないようなno-lose目標であれば合意する可能性はあるかもしれません．しかし，政治的な問題，数値の信頼性についての問題もあり，それほど簡単なことではないことは確かです．

また，セクター全体でのキャップをもつことになりますので，そのセクターではいわゆるCDM（クリーン開発メカニズム）と混在してしまうことになります．そこでCDMのかわりにセクター別のキャップをもつべきといわれているのですが途上国がこれを受け入れることは容易ではありません．

　さらに，途上国側には，途上国の場合はセクターよりもやはり国全体で数値目標をもつほうが柔軟性があってよいという考えもあります．セクターで何らかのコミットメントをして達成できなかった場合に批判や責任を受ける側としては，セクターよりもフレキシブルな国全体のほうがよいのではないかという考えです．

　具体的な課題としては，どのセクターを選定するかということです．よくあげられるのは，鉄鋼，電力，セメント，交通です．鉄鋼であれば1トンあたりどれぐらいのエネルギー消費量が理想だという数字を算出するときに，鉄をつくるための技術と，省エネ技術がどれだけ入ってくれば妥当かということを勘案して決定することになります．ただ，実際にはさまざまな細かい検討が必要です．たとえば先ほどのEUの排出権取引制度は結局どういうことをしたのかというと，鉄やセメント，アルミなどには非常に緩い排出削減目標をもたせ，電力だけに厳しい制限を設けました．その結果，電力価格が上がり，全体的に省エネが進んだかというとそうではなく，価格の高騰によって電力会社だけが利益をあげた結果になりました．それについてはいろいろと議論がありますが，産業を選定するにあたっても，その産業が国際競争にさらされているか，その無償配分の割合はどうするか等，いろいろなことを検討しなければならないのです．

　また，その国にどれだけの技術があるのか，これからどのように技術が進んでいくのか，その技術に対して国がどのような政策を行っているか，需要供給がその国や世界でどうなるかなど，国情を把握し，さまざまなことを考慮しなければなりません．同じものをつくるにしても天然ガスを使うのか石炭を使うのかなど，エネルギーミックスが

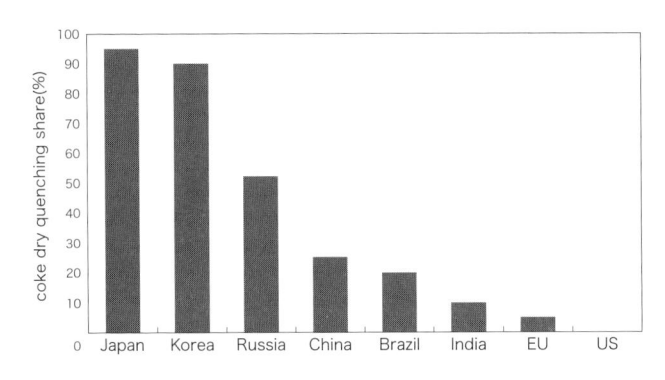

図3.3 コークス乾式消火装置(CDQ)普及率の国際比較
出所：国際エネルギー機関

違うので，国によってCO_2排出量がまったく違います．

図3.3はBAT(Best Available Technology, 利用可能な最良の技術)の資料で，コークス乾式消火装置(CDQ：コークス・ドライ・クエンチング)の普及率の国際比較です．これは鉄をつくる際に使うコークスをこれまでは水で冷やしていたのですが，その熱を回収して発電するという省エネ技術です．

日本と韓国の製鉄所にはにはほとんど入っているのですが，ロシア，中国，ブラジルが続き，アメリカにはほとんど入っていません．このCDQという技術だけを見た場合に，この技術が入るか入らないかはエネルギー価格によります．アメリカに入っていないのは，アメリカではエネルギー価格が非常に安かったから，というのが単純な理由です．現在，日本の鉄鋼業界には省エネ機器がかなり入っています．しかし，他の産業，たとえばセメント業界を国際比較した場合はそれほどよいというわけではありません．このようによいセクターも悪いセクターもありますので日本が飛びぬけて省エネが進んでいるというわけではありません．

余談かもしれませんが，日本の省エネが進んでいるのは産業ではな

く民生・運輸部門だという議論もあります．これは日本のイメージでもある，こじんまりとした住居や満員電車などライフスタイルが日本を省エネ化しているという分析で，あたっているところもあると思われます．

　このBATの性質を考慮して，理想的なセクター目標をどう設定していくかが課題になってきます．また，電気を使ったときに，CO_2を工場の排出として考えるか，発電所の排出として考えるかといったところも調整しなくてはいけません．途上国においても先進国においても，多種多様な懸案事項があるので，セクター別取り組みが今後どのように進んでいくのか，予測はなかなかできません．

5. 国内制度設計の動き

● 意外に進んでいる国内制度設計

　最後に，国内でどのような動きがあるか，カーボンオフセットと排出権取引制度に焦点をあててみます．カーボンオフセットとは人間の経済活動を通して排出された温室効果ガスを植林やクリーンエネルギー事業などを通して，別の場所で直接的あるいは間接的に吸収しようとする考え方や活動のことです．

　"a gold is a gold is a gold" という言葉があります．"金はどこで購入しても価格は同じだ" という意味です．しかしCO_2の場合はそうではないのが現状です．アメリカで取引されるCO_2 1トンの値段と，EUで取引されているCO_2 1トンの値段は違います．その違いは簡単にいうと，京都議定書の目標達成に使うことができるかどうかです．

　京都議定書のクレジットを図3.4のように考えると，アメリカでの農法改良プロジェクトのようなわかりにくい事例のVERと呼ばれるクレジットが数多くでてきています．このVERというのはVerified Emission Reductionの略で，いい換えると，ボランタリー（自発的な，任意の）マーケットで，京都議定書を遵守するためのコンプライアン

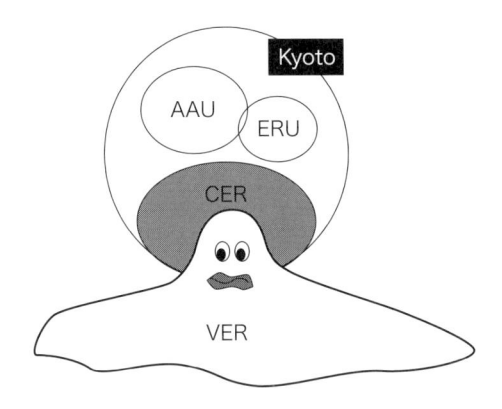

図 3.4 さまざまなクレジットの乱立
CER (Certified Emission Reductions = 認証排出削減量) は，CDM のプロジェクトを通じて発行されるクレジット．AAU (Assigned Amount Units = 割当量単位) は，京都議定書上の削減義務に基づき，あらかじめ附属書 I 国が割り当てられる単位．ERU (Emission Reduction Unit = 排出削減単位) は，共同実施 (JI) のプロジェクトにより移転されるクレジット．

ス(遵守)・マーケットとは違い，ボランタリーな要素がかなり入ってきます．たとえばアメリカ国内での植林プロジェクトからのクレジットを購入して，飛行機での排出をオフセットするのは，完全にボランタリーです．そのようなクレジットはたとえば，シカゴの取引所で 1 トン 1 ドル程度で販売されています．また，日本での寄付金つきの年賀はがきは基本的には CER をもとにしていますが，VER が入ってくる可能性もあります．日本のみならず，他国においてもこのようなカーボンオフセット商品をどのように管理するかということが課題になっており，さまざまな制度が乱立しています．

さきほどのアメリカで流通しているクレジットに関していえば，数多くの種類があります．たとえば，農法改良，すなわち土地を耕すときにあまり耕しすぎるとメタンや CO_2 が多くでやすいので，意図的

に少ししか耕さないという農業の方式を使い，そこからクレジットをだしている農家もあります．そのようなものまで流通してもよいのかという議論があり，出所がはっきりしていて，モニタリングや計算をきちんとやって認証されたクレジットのみを扱うべきではないかという意見もあります．

次に日本での排出権取引の事例を詳しく紹介します．日本でも自主的に参加する国内排出権取引制度はすでにあります．つまり，まだ実現していない義務的な排出権取引制度とは別に，環境省が主導する自主参加型国内排出権取引制度（JVETS）というものが動いています．これは世界でも4番目のETS（排出権取引制度）で，もっとも早かったのがEU，次いでシカゴ，3番目はオーストラリアのニューサウスウェールズ州の制度です．

また，日本の経産省も同じようなものを構想としては前からもっており，すでに中小企業のクレジット取引制度を始めています．中小企業に補助金を渡して，それで排出削減をし，その削減分を第三者に精算し，それに対し必要であれば報奨金をだすという制度です．これは対策が進んでいなかった中小企業がアクションを起こすことで，大企業がクレジットを購入し，大企業もアクションをおこしやすくなるという理想が根底にあります．問題は，たとえば，このクレジットがこの制度がなかったことによって発生したクレジットなのかどうか，削減量の算出が正確にされるのか，また報奨金をいくらくらいに設定するのかという点です．

● 国内クレジット制度と国際取得制度を比較すると

国内で取引するのと，海外で取引するのはどちらが好都合かという比較について述べます．

実は，2008年10月から，企業の自主行動計画をベースにした国内排出権取引制度(試行)が始まっています．しかし，目標が自主的であり，取引も多くは期待できません．したがって比較したのは，①環

表 3.1 各制度比較：割当・取引方法，補助金・罰則の有無

	国内排出権取引			海外から取得
名称	環境省 JVETS	経済産業省 （補助制度）	経済産業省・環境省 （国内クレジット）	KMCAP
開始年	2005年度〜 (試行事業は2004年度から)	2005年度〜	2008年度〜	2006年度〜
参加形態	自主参加	自主参加	自主参加	NA
割当・取引方法	キャップ＆トレードとベースライン・クレジットとの混合，取引あり	ベースライン・クレジット，取引なし	ベースライン・クレジット，取引あり	クレジット買い取り
登録簿	有り	無し	NA	
補助金有無	有り （削減プロジェクト投資額の1/3）	有り （削減プロジェクト投資額の1/2）	検討中	NA
罰則有無	なし（補助金の一部返還，企業名の公表などはある）	NA	NA	NA
経団連自主行動計画との関係	無し	無し	有り（経団連自主行動計画目標達成に活用可能）	NA
ガバナンス	CA（Competent Authority）委員会	経済産業省と検証機関	主に経済産業省と検証機関	経済産業省，環境省，NEDO

（注）NA=該当なし

境省の国内排出権取引制度（JVETS），②中小企業が削減した結果をクレジット認証する制度（補助金あり），③経産省・環境省が主導する中小企業の取引を入れた制度（国内クレジット制度），④政府が海外からクレジットを購入する制度（KMCAP）という四つの制度です．この四つを効率性や，内容の問題などの観点から比較してみました．

④は KMCAP, Kyoto Mechanisms Credit Acquisition Program といい，京都議定書の目標のマイナス6％のうち1.6％を海外からクレジットで購入することを想定しています．現状では日本の排出量が90年比で増加している点を考慮すると，日本全体では1.6％の数倍は購入する必要があると思われます．

表3.1は割当や取引方法を紹介したものです．環境省も経済産業省

表 3.2 各制度比較:追加性基準・検証費用

名称	国内排出権取引			海外から取得
	環境省 JVETS	経済産業省（補助制度）	経済産業省・環境省（国内クレジット）	KMCAP
追加性基準	追加性チェック厳しくない（プロジェクト実施したかどうかは事後に確認するものの、組織境界内の排出総量減少があれば良いとする）	追加性チェック厳しくない	追加性チェック厳しくない（たとえば、投資回収年数が2年以上のプロジェクトは追加性ありとする）	NA
検証費用	120～150万円（基準年と実施年の両方分）	10万円以下	未定	NA

（補助制度）も自主参加型なので，ある削減プロジェクトを実行するためには，新しい設備にはこれだけお金が必要ですと申告し，その3分1ないし2分の1の資金を補助金としてもらえることになります．新しい設備を入れたことによって削減するCO_2の排出量を申告し，実際にそれ以上下げないといけません．目標値より下がらなければ，どこか外からクレジットを買ってきてくださいというのが環境省の制度です．

表3.2の中の追加性とは，あるプロジェクトを実行したときに，こういう制度があったために初めてそのプロジェクトが実現したのかどうかということです．どうして追加性が必要かというと，当然，省エネプロジェクトというのは利益がでる場合があり，その場合，各企業は自発的にそのプロジェクトを行います．自分たちでできるものに，クレジットや補助金をだす必要はないということです．自分たちではできなくて，クレジットや補助金というインセンティブを与えることによって初めて実現するプロジェクトに対してのみクレジットは発行するべきなのですが，そうはならないケースがたくさんあるのも事実です．そのときに追加性基準が甘い，あるいは甘くないといういい方をし，「追加性が甘い＝にせ札」と考えることも可能です．

表 3.3　各制度比較：プロジェクト内容

	国内排出権取引			海外から取得
名称	環境省 JVETS	経済産業省（補助制度）	経済産業省・環境省（国内クレジット）	KMCAP
参加企業数	2005年度：3社 2006年度：58社 2007年度：61社	2005年度：40社 2006年度：17社 2007年度：NA	NA	2005年度：5社
参加企業タイプ	大企業・中小企業	中小企業	大企業・中小企業	日本企業2社, 中国企業2社, 英国企業1社
プロジェクトの内容	ボイラ更新／燃料転換, コジェネ, 空調効率化, 照明効率化, 断熱強化, 運用の改善, 機器効率化, その他	ボイラ更新／燃料転換, コジェネ, 空調効率化, 照明効率化, 断熱強化, 運用の改善, 機器効率化, その他	NA	廃棄物発電, 水力発電, N_2O 熱分解, 高炉ガス発電, バイオマス発電

　今回比較した制度はそれぞれ追加性基準はそれほど厳しくありません．環境省の場合はプロジェクトではなく工場全体の排出量をコミットメントしますので，たとえ追加性がないプロジェクトであっても，あるいはプロジェクトが行われなかったとしても，その工場全体で減っていれば意味があると考え，追加性が甘くてもいいのではないのかという議論を環境省の人たちはしています．

　経済産業省のほうも，投資回収年数が2年以上のプロジェクトは追加性ありと考えて，クレジットなり補助金をあげてもよいのではないかという制度を構築しています．

　検証費用というのは，CO_2 がどれだけ減ったかというのを第三者が検証するときにかかる費用のことです．それが非常に大変な作業で，かつ力量がある人が検証する必要があります．その資格を認定する制度も同時並行的に日本はつくっています．監査法人系とISO系が検証機関をつくっており，かなり大きな，制度的インフラになりつつあります．

表 3.4　各制度比較：削減量

名称	国内排出権取引			海外から取得
	環境省 JVETS	経済産業省 （補助制度）	経済産業省・環境省 （国内クレジット）	KMCAP
削減量 (各年度t-CO_2/年)	2005年度： 275,380（対象事業者の基準年度排出量21%） 2006年度： 229,405（対象事業者の基準年度排出量20%） 2007年度： 135,871（対象事業者の基準年度排出量8.33%）	2005年度： 15,832 2006年度： 4,185		2006年度取得目標：1,780万 2006年度取得量実績：628万 2007年度取得目標：4,449万
削減量 (制度全体t-CO_2)	660万（2005年度参加者と2006年度参加者のプロジェクト期間全体）	20,017（2005年度と2006年度の2年間合計）	NA	NA
削減量 (1件平均t-CO_2)	5,683/年（2005年度と2006年度の参加者の1件あたり平均）	328/年（2005年度と2006年度の参加者の1件あたり平均）	NA	NA

● **各制度比較：プロジェクト内容，予算額，削減量**

　実際に参加した企業は，どちらのの制度も数十社です．これを大きいと考えるか少ないと考えるか，なかなか難しいところだと思います．

　プロジェクトの内容は，やはり原油高を反映していて，ボイラーの燃料転換というのがもっとも多くなっています．ボイラーの燃料転換，コジェネ，空調効率化，このあたりの項目で半分以上の割合を占めています．環境省JVETSは，最初は大きな企業は参加していませんでしたが，最近は日本経団連に入っているような大企業も参加しつつありますので，かなり関心は高くなっているということだと思います．

　制度の評価については，さまざまな効率性を考えることになります．どれだけの費用でどれだけCO_2を減らしたかという数字を考え

表 3.5 費用効率性・取引価格・副次的効果

	国内排出権取引			海外から取得
名称	環境省 JVETS	経済産業省 (補助制度)	経済産業省・環境省 (国内クレジット)	KMCAP
費用効率性	約 1,000 円 / t-CO_2 (参加者負担分を考慮すると約 3,000 〜約 6,000 円 / t-CO_2)	約 4,500 円 / t-CO_2 (参加者負担分を考慮すると約 6,000 〜約 12,000 円 / t-CO_2)	NA	1,911 円 / t-CO_2
取引価格	1,212 円 / t-CO_2	NA	NA	NA
副次的効果 (国内)	あり	あり	あり	なし

ます．予算については，環境省 JVETS の場合は約 30 億円ぐらいです．海外から買ってくる KMCAP は，数百億円の予算を要求していますし，これからも増える可能性もあります．ほんとうはこの値段が適切かどうかもっと議論すべきなのですが，実際は議論されているようには思えません．またもしロシアなどから買ってくるときには，この金額に含まれないさまざまな「裏取引」が入ってくる可能性もゼロではないとは思います．

次に，どれだけ減ったかという削減量を調べると，1 件あたりは中小企業なのでそれほど大きくはありません．1 件あたり毎年約 6,000 トンくらいです．海外から買ってくるのは 2007 年度には 4,449 万トンの目標でした．2006 年度は 600 万トン，海外から買ってきています．実は最初，1,780 万トン買うための予算要求をしていましたが，これしか買えなかったということは，当初想定していた数字より高い値段で購入してしまったことになります．しかし，市場はどんどん変わってきますので，最初に思っていた値段より高くなるというのは仕方がないと思います．

さらにもっとも重要な，どれくらいのお金をかけてどれくらいの CO_2 を国内で減らしたか，また海外から買ってきたかという費用効率性は，およそ次のような数字になります．

環境省 JVETS は，補助金の割合は2分の1か3分の1なので，そのぶんを入れると取引価格（円／t-CO_2）は約3,000円から6,000円になります（表3.5）．これは，ある機械を入れたときに毎年約100トンぐらい減るとして，機械の耐久年数を15年，その15年分の1,500トンと補助金の額から算出したもので，環境省が公表している数字です．

経済産業省（補助制度）の数値を同じような考え方で私が独自に算出したところ約6,000円から12,900円になります．この数字は日本政府が発表している数字ではありませんが，それほど間違っていないと思います．

この取引価格については後述します．環境省 JVETS については，たとえばその工場では1,200トンしかださないとコミットメントしたのですが，景気が上向きになり，生産量が上がってしまったので，工場全体で1,300トンになってしまった．その100トンを何らかの形で調達しなければならないということで，余ったところから購入し，そのときの取引価格の平均が1,212円になっています．

実は，日本国内でカーボンに具体的な価格がついたのはこれが初めてです．そしてこれがどういうふうに，何に由来しているかということを考えます．考えられるのは，補助金の返還額と外から CER を買ってきた場合と，どちらが安いかを考慮した結果，この金額になっているということです．つまり，補助金を全額返還するのではなく，超過したぶんだけ補助金を返還するということです．超過したぶんを補助金で割ると大体これぐらいになっているので，この値段に収まったのではないかと考えられています．

この数字を見ると，さまざまな議論が可能です．おそらく経産省も環境省も議論されたくないとは思いますが，単純に考えると，国内でもまず安い削減ポテンシャルというのがあるということが読み取れます．京都議定書前に，国内で排出権取引を実施すると1トンあたり3万円～4万円かかるという議論をしていた人たちにとっては，この

数字はあまり好ましくない数字です．もちろん，これはある日本の企業のなかのたまたま数十社だけの数字ですので，日本企業全体ではありませんし，おそらくかなり安いほうの数字であることは確かです．したがって，これで日本の削減コストが安い，高いというのは言いにくいのですが，少なくとも安い削減機会をもっている企業は結構あるということはいえると思います．少なくとも何万円というレベルではなくて，何千円というレベルの削減機会はあるということです．かつ，国内で取引することと国外と取引することの違いは，国外での取引は結局お金が外にでるということです．国内で取引すると当然技術も残りますし，雇用も促進され，国全体，ひいては企業の生産性もよくなり，大気汚染対策にもなります．そういう副次効果を考えると，国内をもっと増やしてもよいのではないかということがいえると思います．

● 各制度比較：KMCAPの評価

　海外から買ってくる場合，市場価格よりも高く買ったのかそれとも安く買ったのかはよくわかりません．CERの値段にはいろいろあって，例えばインドのクレジットが一般的に高いといわれてますが，一応，リスクが少ないクレジットの最低の価格は約11～12ユーロあたりだと考えられています（2008年現在）．1,911円というのはそれに対しては少し高いかもしれませんが，おそらくリスクの大きさによってクレジットの値段は違うということだと思います．

　日本の場合，CDMはかなりキャパシティ・ビルディング（能力育成）とセットにして実施しています．つまり，このあたりの内容を日本の国民があまり知らないのは問題とも思われるのですが，たとえば中国のある地方でCDMのセンターみたいなものをつくりたいといった場合，その資金の一部を日本が負担し，その見返りにクレジットを受け取るというやり方をしています．そのときの中国でのCDMに関するインフラ整備やキャパビル，ワークショップの実施，中国の人を日本に呼ぶといった事業の費用がわからないので，先ほどの1,911円と

表 3.6 環境省 JVETS のクレジット取引量と価格

取引件数	取引総額(円)(GHG-trade)	取引総量(t-CO$_2$)	平均取引価格(GHG-trade)(円/t-CO$_2$)	最高取引価格(GHG-trade)(円/t-CO$_2$)	最低取引価格(GHG-trade)(円/t-CO$_2$)
24件	21,796,050	82,624	1,212	2,500	900

いう値段だけではほんとうは議論はできません．しかし，少なくとも財務省に最初にだした数字よりも高く買ってはいるのではないかということが，公表されている数字からわかります．

● **JVETS：取引は結果的にかなりあった**

表 3.6 は環境省 JVETS の取引を表しています．最初の年度に参加した企業が取引したのですが，24 件という数字です．そのときは大体 50 〜 60 社なので，半分の企業が何らかのかたちで取引をしたということです．

実際，どのように取引をしたのかというと，約半分が三菱総研のつくったウェブサイトで取引が行われ，残りの半分が，ある商社が営業活動で企業と交渉して販売，買い付けをした数字です．これが平均すると 1,212 円ぐらいになったということです．これが高いかどうかはいろいろ議論があるのですが，少なくともこういう値段がついたというのは日本で初めてのことです．

環境省のものも経産省のものも実は VER です．少なくとも京都クレジットでは少なくともないものです．京都クレジットと互換できるかどうかも議論があるところです．いずれにしろ，このようなものはこれから増えてくると思います．

あともう一つ，ややこしいのがグリーン電力です．いま日本でもグリーン電力証書というのがかなりの数あります．たとえばロックコンサートやライブハウスなどで，今日のロックコンサートはカーボンフリーでしたとか，グリーン電力証書で賄いましたというものが結構あります．ちなみに，こういうロックコンサートのカーボンオフセット

を最初にやったのはローリング・ストーンズの 7, 8 年前のツアーだそうです．いずれにしろ，グリーン電力の 1 トンと京都クレジットがどう互換するかというのが実は大きな問題になってきます．アメリカで実際起きていることなのですが，グリーン電力証書は需要と供給で値段が決まりますので，大体 1 ドルぐらいで買うことが可能です．同じような 1 キロワット／時の電力をつくるときに CO_2 は約 1 トンというような計算の仕方があり，それで CO_2 の排出権として売ると 5 ドルくらいで売れます．ですから，1 ドルで買ったものを 5 ドルで売るという商売が成立し，これはおかしいのではないかという意見があります．とにかく，現状は，さまざまなクレジットが乱立して，コントロールがうまくいっているとはいい難く，かつ市場で出所がわからないものが何となくカーボンオフセットとしてでてきてしまっている状況です．したがって，いま日本では，きちんと政府認証ラベルをつくるのがよいのか，それともある程度は市場に任せて，悪いのは淘汰されるような制度にするべきなのかなどを検討して整理をしようとしているところです．

　いままでに紹介した環境省や経産省の制度は自主参加型です．また，2008 年 10 月から始まった試行制度も実質的には，自主的なものです．これから議論されるのは義務型の，ある意味では強制的に入りなさいという排出権取引制度です．環境省が一生懸命導入しようとしていて，産業界は何とか阻止しようとしている状況ではありますが，いずれにしても法案をつくり，それを審議して国会を通ったとしても，導入できるのは早くて 2010 年もしくは 2011 年くらいになるのではないかと思います．また 2011 年から導入できたとしても，京都議定書の目標達成にどれだけ効果があるかは，疑問です．すでにそういうタイミングになってしまっているのです．とにかくこれはハイレベルの判断を待つしかないので，環境省としてできることは，義務型の導入をにらみつつ，いまの自主参加型を拡充していくしかないと考えているのではないかと思います．

● 義務型への移行シナリオ

　排出権取引制度導入の具体的課題の一つは，2011年から導入するのであれば，いまからどんどん排出量を増やしてベースになる基準年度の排出量を高くしようという，悪いインセンティブが働いてしまうことです．

　また，この割当の方法としてもっとも簡単なのは，「いま排出している排出量はそのままだしていいですよ，来年は5％ぐらい減らしてくださいよ，でも，いまだしている排出量は権利として認めます，またそのときにお金を取りません」というフリーアロケーション，自由にタダで権利を認めるというやり方です．すなわち，現在排出している量を権利として認めることになります．それだけでは具合が悪いので，ベンチマークとして，あなたの工場は何々を1トンつくるのに，どれくらいのCO_2をだす，あなたの工場はこれを100トンつくっているから，CO_2はその100倍ぐらいしかだしてはいけないというようなベンチマークを使ってその工場の排出量を割り当てる方法も提案されています．

　また，これまで，JVETSの場合は参加した企業の間でしか取引がなかったのですが，これを個人が参加して個人が買えるようにするクレジット需要についても検討されています．たとえば，宝くじやサッカーくじのtotoにつけるとか，カード類につけてそれを使ったときにカーボンオフセットの一部がそれに使われるというものです．実際そういうカードはいま売られようとしており，いろいろなことがアイデアとしては考えられるので，そういうクレジットの需要のほうがより拡大するのではないかという可能性はあります．

　このほかにも，産業界はこれ以上の削減はかなり難しいので，業務ビルいわゆるオフィスビルから実施したらよいのではないかという議論があります．これまで多くの場合，ビルの各テナントに対しては省エネをするインセンティブはありませんでした．たとえば建物によっては，電気代というのは全部メーターが一緒なので，誰が使っても同

じような値段を払っていたという状況でした．なので，オフィスでこの大きさのビルはこれだけしかだしてはいけけないですよと制限することによって，実際入っているテナントに省エネなり削減意識をもってもらうということが大事です．

● KMCAP の行方

　日本政府はフロンのクレジットを市場からまだ大量には買っていません．やはりフロンというのは悪いイメージがあるので，何となく購入を控えます．ただし，二次市場で売れるからそのときに買えばいいというふうに考えているかもしれませんが，これから二次市場にどれだけフロンがでるか，値段がいくらか，それを購入するかどうかを，日本政府はいろいろ考えなければなりません．

　またホットエアと呼ばれるクレジットもあります．このホットエアというのは，英語では"うそ"とか"たわ言"とかいう意味で，全然努力しなくてもただ売れるというものをもってしまったことを批判していう言葉です．GIS（グリーン投資スキーム）というのもあります．GISというのは，ホットエアではよくないので，クレジット売却益を環境投資や環境保全事業に投資されるものにしなければならないと，その国の政府が義務づけるようなものの買い方，売り方にすべきという考えから生まれた制度です．日本政府は，すでにいくつかの東欧諸国と購入契約を結んでいます．

● 東京都が先行している

　東京都は 2020 年 25％削減という目標を出しています．深読みすればこれは石原慎太郎知事が，オリンピック開催を見越してのことも一つの理由だと思います．それに日本政府がやらないことを東京都がやるんだというのをいいたかったということもあったと思うのですが，いずれにしろこのような目標を立てています．また，排出権取引制度を 2009 年から導入する準備を進めています．東京都が国に先駆けて

排出権取引制度をどのように入れるか，その取引制度はどのようになるかということは，日本全体にとって非常に重要な意味をもっています．

6. 温暖化問題はエネルギー安全保障問題

ポスト京都に国際社会はたどり着けるでしょうか？　おそらく，最初に述べたように，ポスト京都の議論は先進国での設置目標の議論と考えれば，12年前の京都議定書のときと同じような交渉になると予測されます．もちろんその数字は変わりますし，韓国が入るとかメキシコが入るとか中国が自主的な効率目標をもつなどプレーヤーは多少増えるかもしれませんが，多くの途上国に関しては自主的な参加者としては，数字的コミットメントは多分ないという意味でそれほど変わらないのではないかと思います．また，数字というのは結局どのような基準で分けたとしても，もし2050年半減というのが前提としてあるのであれば，15になるか17.5になるかわかりませんが，少なくとも先進国のなかでの数字にそれほど差はないと考えられます．

いずれにしろ温暖化問題は，つまるところはエネルギー安全保障問題です．中国の場合も，省エネというのは自分たちのためにやるものであって，ある意味では，ほかの国よりも温暖化対策はやっていると主張します．また，アメリカとかヨーロッパや日本は言葉ばかりで実行しないとも中国は言います．すなわち，中国は不言実行だと主張していて，実際，中国の第11次5カ年計画での省エネ対策はかなり効果的で，政府も推進し，小さな工場をどんどん廃止していることも確かです．

結局のところ，どの国にとってもエネルギー安全保障問題というのはもっとも大きな問題ですし，その問題があるかぎり，温暖化問題も，温暖化対策という意味で大きく動いていくことは確かだと思います．「危机」——中国では危機のことをこういうふうに書きます．中国語

では多くの意味があり，チャンスという意味もあります．温暖化がビジネスチャンスだという意味では，たとえばカーボンオフセットというものもあります．省エネについては，トヨタなど自動車メーカーが取り組んでいるハイブリッド車もそうであり，いろいろ技術で多種多様な制度をつくるような，チャンスであることも確かだとは思います．

　しかし，やはり最初に述べたように，かつもっとも重要だと思うのですが，公平性に関する議論がいまより深まらなければ途上国は絶対乗ってこないでしょう．何が公平かということがポイントで，そういうきちんとした議論がなければおそらく交渉は深まりません．交渉が深まらなければ，市場はある程度までは拡大するとは思いますが，最終的にはそれほど大きくなりません．市場が拡大する＝クレジット需要が増える＝大きくコミットメントするということなのです．アメリカも京都議定書を一度は受け入れた理由も排出権取引制度が入ったからです．排出権取引制度をいろいろ批判する人たちもいるのは確かなのですが，排出権取引制度が入ったことによって大きなコミットメントが可能になるということも事実です．そういう意味では，いろいろ問題はありますが，排出権取引制度というのはこれからもどんどん拡大していくと考えられます．これまで行ってきたＥＵにおいても継続し，アメリカも導入すると思われるので，日本もこれからは実施せざるをえない状況になると思います．

第4講

気候変動問題を巡る最近の動向
IPCC，UNFCCC

平石 尹彦

1. IPCC とは何か

● どのような組織か

2007年の12月にIPCCがノーベル平和賞を受賞しました．そのときインドネシアのバリで国連気候変動枠組条約締約国会議第13回会合（COP13）が行われていました．その真っ最中にこのノーベル平和賞というニュースが飛び込んできたために，バリの交渉にも相当影響がでました．気候変動問題は大変だという印象を非常に強く与えたので，ある意味で極めて政治的な会議になりました．

IPCCは大きな国際機関だと思われていますが，実は科学者のフォーラムなのです．設立は1988年，正式名称は，Intergovernmental Panel on Climate Change（気候変動に関する政府間パネル）といいます．このIというのがIntergovernmentalであるところからわかるように，メンバーはUNEP(国際連合環境計画)の加盟国とWMO(世界気象機関)の加盟国の政府です．UNEPの加盟国は国連本部の加盟国と国連の専門機関の加盟国の総和なので，IPCCにほとんどの国が入っていると考えてかまいません．

事務局は極めて小さいものがジュネーブにあり，いろいろなワーキンググループがあるため，その事務局が世界各地に分かれており，日本にも一つあります．

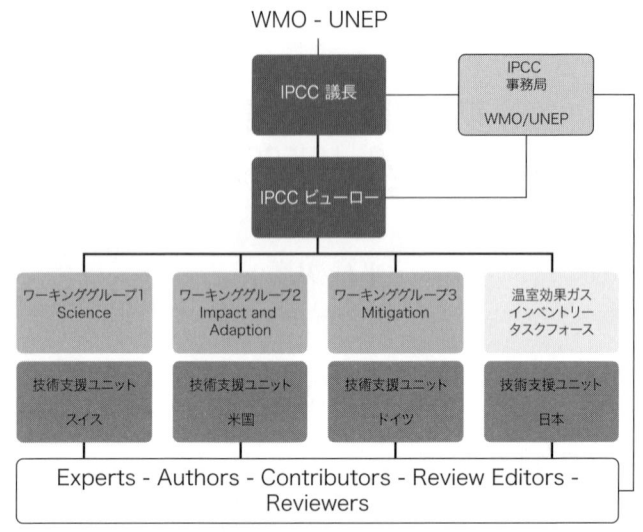

```
                        WMO - UNEP
                            │
                    ┌───────┴──────┐
                    │              │    IPCC
                    │  IPCC 議長   ├── 事務局
                    │              │  WMO/UNEP
                    └───────┬──────┘
                            │
                    ┌───────┴──────┐
                    │ IPCC ビューロー│
                    └───────┬──────┘
       ┌───────────┬────────┼────────┬───────────┐
  ┌────┴────┐ ┌────┴────┐ ┌─┴──────┐ ┌──────────┐
  │ワーキング│ │ワーキング│ │ワーキング│ │温室効果ガス│
  │ グループ1│ │ グループ2│ │ グループ3│ │インベントリー│
  │ Science │ │Impact and│ │Mitigation│ │タスクフォース│
  │         │ │ Adaption │ │          │ │          │
  └────┬────┘ └────┬────┘ └────┬────┘ └────┬─────┘
  ┌────┴────┐ ┌────┴────┐ ┌────┴────┐ ┌────┴─────┐
  │技術支援 │ │技術支援 │ │技術支援 │ │技術支援  │
  │ユニット │ │ユニット │ │ユニット │ │ユニット  │
  │ スイス  │ │  米国   │ │ ドイツ  │ │  日本    │
  └─────────┘ └─────────┘ └─────────┘ └──────────┘
  ┌─────────────────────────────────────────────┐
  │ Experts - Authors - Contributors - Review   │
  │        Editors - Reviewers                  │
  └─────────────────────────────────────────────┘
```

図 4.1　IPCC の組織

IPCC が将来の気候変動対策はかくあるべきという勧告をしたという記事が，新聞に載ることがありますが，IPCC の報告書には将来の政策はこうあるべきということは書いてありません．「このような政策をとったらこうなりますよ，あとは判断はしてください」という書き方です．IPCC の報告書は常に中立的で，政策勧告をしないレポートです．

図 4.1 の IPCC ビューローというのは，それぞれのワーキンググループの議長，副議長，共同議長といった人たちの集まりで 30 人で構成されます．それは国ではなくて個人です．ワーキンググループ 1 というのが Science と呼ばれているもので，気候変動の科学について話しあいます．そして，ワーキンググループ 2 は Impact and Adaption，「影響と適応」をテーマとし，気候変動が起こったときにどう対応するかという問題を扱います．たとえば温暖化により海面上昇が起こると防波堤を高くするような対策をとらなければならなくな

ります．この場合，海面上昇が影響でその対策を適応といいます．

ワーキンググループ 3 のテーマは Mitigation，「気候変動対策」です．温室効果ガスの排出削減，あるいは森林を拡大するなどというのも対策に入ります．後者は排出削減ではなくて吸収源の強化ということになります．また，ワーキンググループとは別に温室効果ガス・インベントリー・タスクフォースがもうけられており，ここで温暖化ガスの排出，吸収の量を推計するときの国際的な基準をつくっています．この技術支援ユニットをサポートしている国が，このタスクフォースの共同議長の 1 人を出すということになっています．このユニットは日本にあり，それを偶然いま私が担当しています．

● 評価報告書制作の仕組み

IPCC では，評価報告書を 5〜6 年に 1 回だしています．その報告書のつくり方ですが，総会がまずアウトラインを決めます．そこで各国政府から推薦してもらって著者(オーサー)を選びます．この著者は IPCC ビューローで決めます．選定は割合客観的にやっているのですが，時々文句がでることがあります．たとえば，大規模コンピューターを使ったモデル研究に従事する人間は，発展途上国には多くはないため，ワーキンググループ 1 のサイエンスなどはどうしても先進国の専門家が多くなります．研究論文の数や専門家の数からいって当然なのですが，それだけでは批判されることは明らかであり，見方も狭くなるので，発展途上国の人をなるべくたくさん入れるようにします．正直に客観的に選ぶというよりも，発展途上国の人を増やすという点はやや人為的，作為的に選考しているのです．なるべく専門性，地域，国などをバランスをとるように選んでいます．

このオーサーグループは，数十人の集まりで，ここで第 1 ドラフトをつくります．これをエキスパートレビュアーと呼ばれる外部の専門家に回します．日本語でいうと査読です．このレビュアーは推薦で集められ，何百人という数になります．その人たちがコメントします

ので，6,000〜8,000といった数のコメントが返ってきます．

　事務局とオーサーたちがコメントを盛り込んで第2ドラフトを作成します．第2ドラフトを，再びレビュアーと，今度は各国政府にも査読を依頼します．そうすると，さらにまたコメントが届きます．報告書本体よりもドラフトへのコメントのほうが多いことがあり，それをまた一生懸命盛り込むわけです．

　盛り込むときには，レビューエディターという全体を見ている人たちがいます．レビューエディターたちはオーサーではありません．専門家である必要がありますが，極めて中立的に提出されたコメントを見て，原稿で正しく考慮したかどうかを見ます．このようにしてファイナルドラフトをつくり，政府に最終的な案として配り，それを総会で承認してもらいます．

　しかし，この最後の会議になって突然新しい発言がでることもあり，最近は，この最後の報告書の採択パネルは徹夜のセッションになることもあります．

　IPCCは科学の場なので，このような記述があるが，科学論文ではそれはサポートされないとか，結論が違っているとか，見方が偏っているというような議論はできますが，我が国の政府としてこういう結論は困るからその記述は削ってほしいということはいえないというのが建前です．われわれの立場からいうと，科学者が合意できないものは入れない，政府が何をいおうと入れないということです．

　IPCCの報告書は少数の科学者の意見ではないかといわれることがありますが，さきに制作の仕組みを解説したように，このなかに何千人もの科学者の見解が入っているのです．ですからIPCCのオーサーだけではなくて世界中の科学者がいっていることがまとめられているのがIPCCの報告書です．IPCCの報告書が批判されることがしばしばありますが，これは世界の科学者を相手に批判しているようなものなのです．

　余談ですが，第3次評価報告書をだしたときに，ブッシュ大統領

が「あれは科学的でない」とし，アメリカのナショナル・アカデミー・オブ・サイエンスに，IPCCのレポートが十分科学的かどうかを精査するようにと指示をだしたことがあります．しばらくしてナショナル・アカデミー・オブ・サイエンスは，まことにIPCCの指摘していることは正しいと報告しました．これはいわば当たり前のことです．なぜかというと，さきほどのオーサーのなかにも，このエキスパートレビューアーのなかにも多くのアメリカ人がいます．いわばアメリカ人が主力なのです．その人たちにIPCCの報告書が正しいかどうかと聞いたのですから，当然われわれが書いたものだから正しいですよという答えが返ってきたという，そういう冗談のようなこともありました．

● **評価報告書の影響力**

IPCCが1988年にできて，第1次評価報告書がでたのが1990年，第2次が1995年，第3次が2001年です．初めのうちは地球温暖化には，人間がだしている温室効果ガスの影響があるかもしれない，温暖化による気候変動が起こるかもしれないと記されていました．それが，第3次報告書には，「new and stronger evidence that most of the warming over the last 50 years is attributable to human activities」，と記載されました．要するに，過去50年間の温暖化について，人間活動が原因になっていることを示す証拠が増えてきている，といっているのです．これはかなり大事な声明で，この11年間の間にだんだんと状況が深刻化してきたと報告したのです．

国連気候変動枠組条約（United Nations Framework Convention on Climate Change, UNFCCC）ができたのが1992年です．最初の報告書が1990年ですから，UNFCCCの交渉の最終局面にかなりこの報告書が影響しています．IPCCがこういうレポートをだしているので，やはり条約が必要だという話になりました．京都議定書で有名なCOP3は1997年です．その2年前に第2次報告書がでています．将来，温暖化ガスを削減しましょうという議定書が採択された背景に，

この報告書があったわけです．やや我田引水的ですが，実際に影響がありました．第3次報告書は2001年，このときは各国が京都議定書を批准しようか，やめようかといっていた時期です．もちろん一部の国では，この報告書を知りつつ署名はしたのに批准しないという決定をしました．アメリカとオーストラリアです．オーストラリアは最近批准しましたので，先進国でもっぱら悪役はアメリカになりました．

2. IPCCスペシャルレポート

● 航空機からの排出

IPCCは評価報告書以外にもいろいろな報告書をだしています．1999年のスペシャルレポートでは，航空機からの排出を取り上げています．人間がだしている温室効果ガスの数％が飛行機からでているといわれています．気候変動の会議に出席するわれわれも含めて，多くの人間が飛行機にさんざん乗るわけです．たとえばヨーロッパに行くと，そのときの往復の排出量が1人あたり2トンといわれています．年間10回ぐらい行くとすると20トンになります．日本人1人あたりの年間CO_2排出量は平均10トン．そうすると，私の場合，平均的な日本人の10トンにプラス飛行機の20トンで30トン排出しており，相当悪いことをしているような気がします．

その裏には政治的な話があります．飛行機というのはもちろん国内線もありますが，排出量の大きいのは国際線です．国際線で使う飛行機の燃料は，いまはだれも責任をとっていません．たとえば先進国は自分のところのインベントリー（温室効果ガスの排出目録）に国際線の燃料は入れなくてよいということになっているのです．なぜかというと，だれが責任をとったらよいか決まっていないからです．

さらに飛行機の国際線の燃料も排出削減の対象にしようなどといいだすと，発展途上国の人はなにか感じるところがあるわけです．怪しい，これはわれわれにも責任が負わされるのではないか，と．まった

く同じ話が船についてもいえます．船は実はもっとダークな部分があります．船で載せている燃料というのはそんなに純粋なものだけではなく，ほとんど廃油と思われるようなものも使っている可能性が指摘されています．つまり温室効果ガスだけの問題ではなく，有害化学物質の問題も含んでいるのです．国際的な船の排出はカウントされていない，またはカウントはされているけれど，各国のインベントに入っていないというダークな部分です．

● 森林の排出・吸収

2000年のスペシャルレポートは，森林の CO_2 の排出，吸収についてどのようにカウントするかという問題をあつかっています．森林が吸収する炭素は，いまはカウントしているわけですが，それを将来もカウントするかどうかは大問題なのです．日本ではすでにたくさん植林されて新規植林はあまりありません．日本の場合は若い森林が多いのでまだ成長するのですが，この森林が吸収する CO_2 をどこまでインベントリーに入れるかという問題があります．どのような評価をして，どのように政治的な責任につなげるかということをアカウンティングといいますが，そのアカウンティングの問題を取りあげているのがこの報告書です．

最近，話題になっているのはREDD，Reducing Emission from Deforestation and Forest Degradation in Developing Countries（発展途上国における森林の減少・劣化による排出の削減）です．REDDDとも書かれることもあります．

森林伐採からでてくる温室効果ガスというのは，人間の排出量の20％にあたるのではないかといわれているのです．その20％を減らすために，たとえば違法な伐採をとめたり，意味のない森林の伐採はさせないように各国の政府が行動したときに，そういう努力に対して国際的に資金を提供するのがREDDです．これは徐々に議論が盛り上がりつつあります．

● 排出シナリオ

同じく 2000 年にでたスペシャルレポートは「排出シナリオ」です．将来の気候変動を予測するときに二つステップがあります．一つは温室効果ガスの排出予測です．2 番目は，それらのガスがでていったときにどのような温度変化が起こるかというもので，コンピューターの計算，いわばモデル計算になります．

もちろん後者も大変な議論がありますが，前者は，どんな量の温室効果ガスがでるか，予測が非常に難しい．というのは，これは各国の政府の政策とか，人間の行動，生活態度のようなものが影響してしまうからです．それを科学的に予測するのは非常に困難です．皆が地球環境問題に目覚めて一生懸命排出を減らすようにした場合はこうなるだろう，国全体の産業構造がこう変わるだろう，あるいは経済開発第一に走ったときにはこうなるだろう，ということを 3，4 年間，モデルを駆使して科学的に推計するわけですから大変な作業になります．そういったシナリオをいくつかつくり，それをもとにして気候変動予測をする作業の基礎になるレポートで，これは Special Report of Emission Scenarios, SRES と呼ばれています．これも画期的なものでした．

● オゾン層

2005 年にでた報告書は「オゾン層」を取り上げています．成層圏オゾン層保護については，もちろんウィーン条約，モントリオール議定書があり，そこで議論しています．オゾン層の破壊というのは，塩素などを含む分解性の悪いガスを使うと成層圏までにそれが到達して，オゾン層が壊れるという問題です．モントリオール議定書で定めた，オゾン層を壊すような物質の排出を減らそうという努力手段があり，それはそれで結構だと思います．ただ，冷凍機の冷媒をオゾン層を壊さないような新しい世代の物質と入れかえたときに，その新しいガスのなかにはオゾン層には影響しないが，地球温暖化には影響する

という物質がたくさんありますので話は簡単ではありません．オゾン層は直しますが，温暖化のほうは知りませんよというのがモントリオール議定書なのです．

　それを，お互いに協力して何とかしましょうというのがこの報告書です．また建築用の断熱材にはたくさんフッ素の化合物が入っています．建物がある間はいいのですが，建物が壊れるとそれがでてきます．つまり，ある意味で時限爆弾です．それもかなり莫大にあるので，それをどうしたらいいのか．もしその効果が非常に大きいのであれば，それも回収しなくてはいけないのではないか，というような話がいろいろと書いてあります．

● CCS

　2005年のレポートは最近話題のCCSという技術を取り上げています．Carbon dioxide Capture and Storage（CO_2 の回収・貯留），CCSと呼んでいます．CO_2 はいろいろなところからでています．その CO_2 を集めて，ぎゅっと圧縮して液状にし，それを地中，地底の奥深く，たとえば古いガス田だとか古い油田，あるいは石炭の層などに押し込んでしまう．それで CO_2 の排出が減らせるというのがCCSです．いまはまだ議論がありますけれど，現に実行している国もあります．

　種々の対策にはコストの問題があり，コスト的には現状では幅があります．というのは，たとえばEOR（Enhanced Oil Recovery），石油増進回収という技術があります．油田がだんだん古くなると手をかけないと原油が採れなくなります．そういう老化した油田に CO_2 を押し込むと，油と CO_2 とが混じったものができ，油が回収できます．CO_2 は回収してまた押し込んでおけばいいという技術です．それは油が回収できるのでコストとしてはマイナスになります．変な話ですが，温室効果ガス削減で利益がでるわけです．

　ただ，一般的にはなかなかうまくいきません．とくに日本のように

埋める先がない場合にむずかしいのです．純粋な炭酸ガスにするためにお金がかかるし，発生する場所と埋める場所が互いに近くになければなりません．

世界全体で見るとこのCCSという技術は，いわば救世主で，使えるものになれば，地球全体の温室効果ガスを削減するのにこれほど優れたシステムはないといってもいいぐらい効果が大きいといわれています．

3. AR4にみる気候変動

● 温暖化の現実

2007年に，第4次評価報告書がでました．AR4（IPCC Fourth Assessment Report）とよばれます．

例によって3つのワーキンググループの3部作です．Synthesis Report（統合報告書）というのが，全体をまとめたメッセージとしてでています．これが一番読みやすくてよく引用されます．またSummary for Policy Makers, SPMと呼ばれる「政策決定者のための要約」があります．まずSPMを読んで，さらに科学や適応，対策に興味があれば，個別に本編にあたったらよいと思います．膨大な報告書ですので，いつ開いても新しいことが書いてあると思います．

AR4によれば，気候変動は現に起こっています．まず大気中の温室効果ガス．CO_2，メタン，N_2O，どれも最近，急激に増えているという印象をもたれると思います．ただメタンはなぜか最近増え方が緩やかになっていますが，その理由はよくわかっていません．

温度もやはり上がっています．よく過去10年で0.5度上がったというのですが，もう少し緻密に，0.74度上がったのではないかといういい方もあります．

海面上昇も大きいと思います．さらに地表をおおう雪，積雪面積が減っています．雪が減っているのは温度が上がっているのだから当た

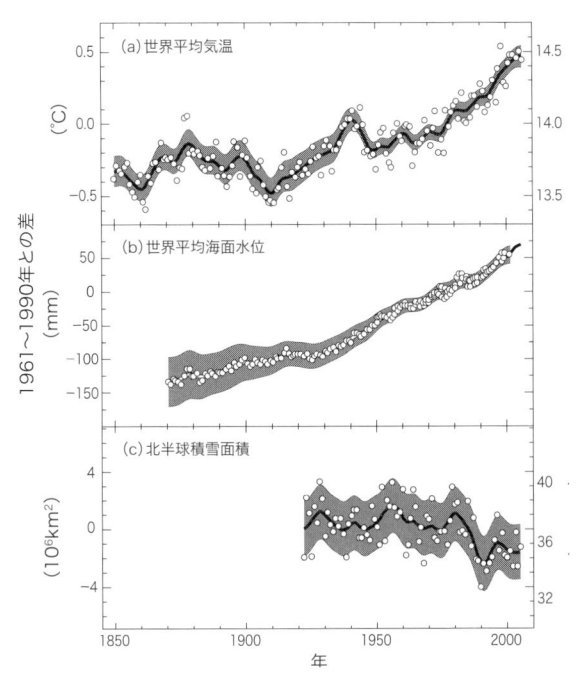

図 4.2　気温・海面・積雪面積の変化
IPCC 第 4 次評価報告書(政策決定者向け要約) WG Ⅰ,
図 SPM.3

り前だというふうに見えないこともありません．しかし雪が減ると地面の白い部分が少なくなるのです．白いものは光を反射します．それが白いものでなくなると，光を反射する度合いが減り，地表は太陽熱をより吸収しやすくなるのです．ですから雪が減っているというリスク以外にも怖い要素が見えてきます．

最近よく北極のクマがおぼれるとか絶滅するかもしれないという話がありますが，北極海が夏になると氷が全くなくなる時代が近い将来，来るかもしれないといわれています．白い北極の氷と青い北極海と熱の吸収はどちらが大きいですかと聞くと，小学生でも青いほうが大き

いと答えます．プラスがどんどんプラスを増加させてしまうポジティブフィードバックが起こり，氷が解けることによって氷を解けやすくするのです．

温室効果ガスの排出は最近どうなっているでしょうか．CO_2 は 1970 年から 2004 年の間で 80% 増えたと書かれています．もちろんたくさんある説のうちの一つですが，こんなに増えてよいのだろうかという心配があります．AR4 には，そんな現在の地球の様子がはっきり浮き彫りにされています．

● **温暖化をもたらすもの**

温暖化というのは何が原因になっているかを示すのが図 4.3 です．放射強制力 (Radiative Forcing) というのは温暖化を起こす力の大きさで，単位は Wm^{-2}，1 平方メートル当たりのワットで表します．大気中の温室効果ガスがいまのレベルであるならば，CO_2 は 1 平方メートルあたり 1.66 ワットぐらい温暖化の効果があるということです．

この図を見ると温暖化の主役は CO_2，メタン，ハロカーボン類，それからオゾンです．成層圏のオゾンは微妙な性格をもっています．オゾン層が減ると，下のほうの温度が上がる．したがってオゾン層を保護をすれば温暖化効果はマイナスになる．結果的にグラフではゼロを挟んで信頼性のバーが付けられているわけです．

地表面アルベド (Surface albedo) は，地球表面における太陽からの入射エネルギーに対する反射エネルギーの比です．土地利用で森林が減ったりしていますので，プラスになっています．それから，雪上の黒色炭素は，たとえば環境汚染の影響，森林火災の影響などで大気中にカーボンを主成分とするスス(煤)などがでてきます．それが雪の上に落ちると雪が若干黒っぽくなる．黒っぽくなると熱を吸収して解けやすくなります．雪国では春になると雪の積もった畑に炭をまいて雪解けを促進するのですが，それと同じことが地球レベルで起こっているというものです．

3. AR4 にみる気候変動 ■ 121

放射強制力		値(Wm⁻²)	地理的範囲
長時間滞留する温室効果ガス	CO₂ / N₂O / CH₄ / ハロカーボン類	1.66[1.49 to 1.83] / 0.48[0.43 to 0.53] / 0.16[0.14 to 0.18] / 0.34[0.31 to 0.37]	地球規模 / 地球規模
オゾン	成層圏 / 対流圏	-0.05[-0.15 to 0.05] / 0.35[0.25 to 0.65]	大陸〜地球規模
成層圏の水蒸気		0.07[0.02 to 0.12]	地球規模
地表面アルベド	土地利用 / 雪上の黒色炭素	-0.2[-0.4 to 0.0] / 0.1[0.0 to 0.2]	地方〜地球規模
総エアロゾル	直接効果	-0.5[-0.9 to -0.1]	大陸〜地球規模
	雲のアルベド効果	-0.7[-1.8 to -0.3]	大陸〜地球規模
航空機の巻雲		0.01[0.003 to 0.03]	大陸規模
太陽放射		0.12[0.06 to 0.30]	地球規模
人為起源 総量		1.6[0.6 to 2.4]	

（左側：人為起源／自然起源）　放射強制力 (Wm⁻²)

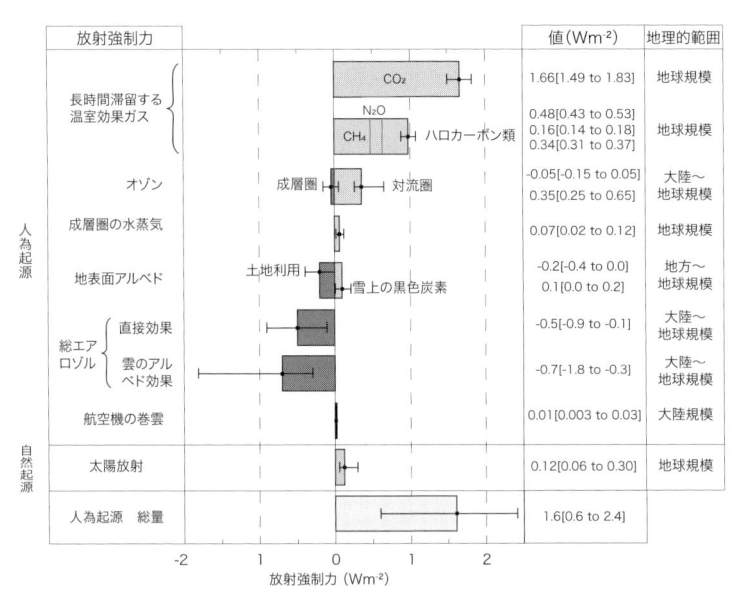

図 4.3　放射強制力の構成(1750-2005 年)
IPCC 第 4 次評価報告書(政策決定者向け要約) WG Ⅰ，図 SPM.2

　エアロゾルというのは，液体または固体の微小な粒子で，空気中に排出されていますが，その効果はマイナスになっています．なぜかというと，エアロゾル本体そのものはプラスですが，ただ，空気中の透明度が落ちる，それを核として雲ができ，雲が太陽光を遮断する．ただし，雲が下のほうにできると，雲は水(水蒸気)を含みますから，温室効果ガスであるというふうに，いろいろな議論があり，エアロゾルのところは非常に長いバーがあります．要するによくわかっていません．
　太陽放射は，太陽からくるエネルギーです．温暖化人為説の反論の一つに，最近，太陽の活動が活発になっているのだという話があります．太陽活動が原因で最近温暖化が起こっているのだという説は，一

部は正しいけれど全体としては正しくありません.

図4.3の人為起源の全体を足し算しますと，約 1.6Wm^{-2} です．もちろんここには CO_2 の強烈なパンチがきいています．長いバーはもちろんエアロゾルのデータが反映されています．これを何とかしないといけないのではないかという議論があります．ただ，エアロゾルというのは実ははっきりとした定義がないのです．気候モデルの研究者からすると，色であるとか，どういう化学物質が入っているか，サイズなどの情報が欲しいというのですが，そのデータが十分にないのです．

● 天をも恐れぬ行為

図4.4をどう見るかということですが，入ってくるエネルギーが 342Wm^{-2} で，でていくのが 107 と 235 なので，足すと同じ数字になります．図4.3の 1.6Wm^{-2} はどこへ行ってしまったのかなと思われるかもしれませんが，この図は地球全体での話です．342 という大きさの熱の出入りがある．そのときに温暖化によるエネルギーは地球全体のエネルギー収支のなかの 1.6 を占めるわけです．342 分の 1.6 だから約 0.5%．これを大きいと見るか，小さいと見るかですが，私は大きいと思います．人間が地球を変えてしまったという意味で，0.5% も影響しているというのはすごいことです．

ちなみに海の ph は 8.1 ですが，それはこの 200 年で 0.1 人間が下げてしまった結果です．これについては科学的な論文，報告が多くあります．まさに天をも恐れぬ行為だなと思いますが，この 0.5%，ph の 0.1 というのは，われわれが地球に影響した結果なのです．

● 水・食糧の問題

21世紀の温暖化というのは，いままでよりもっと大きいだろうといわれています．いまのところ 2020 年ぐらいまでを考えているのですが，10 年当たり 0.2 度ぐらい上がる，つまり 2020 年までには 0.4

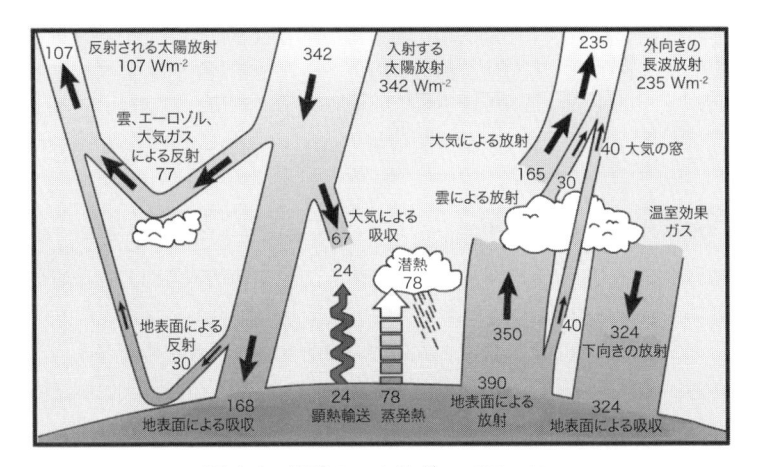

図 4.4　地球のエネルギーバランス
IPCC 第 4 次評価報告書 WG Ⅰ，FAQ1.1，図 1

度ぐらい上がるといわれています．

　仮に 2000 年レベルで温室効果ガスの大気中の濃度が維持できたとしても——もちろんこれはできない話ですけれど——10 年間で 0.1 度ぐらいは上がるといわれています．いまの予測では，2020 年までに 10 年あたり 0.2 度ぐらい上がるでしょうという非常に暗い予測になっています．

　これはいろんな予測が出回っています．2000 年レベルで固定しても温度は上がるわけです．最もましなシナリオでも 21 世紀末には 18 センチから 38 センチ程度の海面上昇がどうしても起こってしまうという理解をするしかありません．

　小さい島国では，いまでもハリケーンが来ると波が片方の海岸から反対側の海岸に行ってしまうような国があります．もっとも高いところが海抜 2 メートルしかないという国もあります．そういう国で 40 センチというのがどのぐらいの程度かを考えると大変なことだということがわかるでしょう．

水問題がおそらく中期的に，もっとも大きな影響がでてくる分野です．水はどこでも不足するわけではなくて，増えるところもあります．海の上は，降水量が増えてもあまり影響がないと思うのですが，陸上，特にアメリカ，カナダのような世界の穀倉といわれるようなところに影響がでます．

現在の地球の食糧の生産量からするとこれぐらいの人口が維持できるだろう，ということをいう人がいます．そういう話を聞くと，私などはアフリカに12年もいましたから，それがそのまま言葉どおり聞こえてこないのです．食糧と人口のバランスがとれる状態はどういうことかというと，いまの状況で，家族計画がうまくいって人口が調節できるというシナリオはあまり考えられません．ということは，たくさんの人が食糧が原因で死んでしまうということでしょう．結果的にバランスがとれるということは，本来は死ななくて済む人が食糧が不足して死んでしまうという状況があるからだ，そのように思ってしまうのです．

アメリカ政府がバイオ燃料に力を入れると言ったために，アメリカの農家が一斉にコーンを燃料製造に回したということがありました．温暖化がすすむと，緊急食糧援助も回らなくなる時代が来るのも，そう遠くはないのではないか，死ななくてよい人が死ぬようなことが起こってしまうのではないかと思えてしまいます．

● **カーボンに価格を**

さて図4.5は，産業分野ごとの温暖化対策で，マーケットでのCO_2の価格が，こんなふうになれば，これぐらいの削減効果がある，期待できるというグラフです．CO_2価格がどうなるかによって対策が進む度合いがちがう，つまりCO_2の価値が上がれば上がるほど，コストの高い対策もとるようになるということをこのグラフは示しています．

カーボンの価格が明らかになると対策の方針が決めやすくなります．

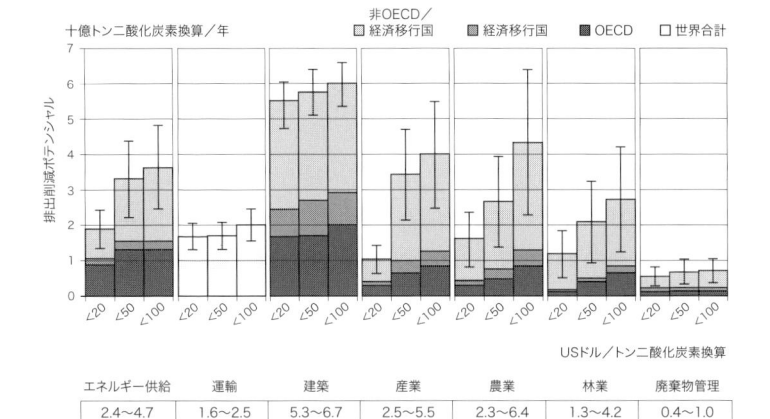

図 4.5　2030 年の部門別排出削減ポテンシャルの推計値
IPCC 第 4 次評価報告書(政策決定者向け要約)　WG Ⅲ，図 SPM.6

エネルギー供給	運輸	建築	産業	農業	林業	廃棄物管理
2.4〜4.7	1.6〜2.5	5.3〜6.7	2.5〜5.5	2.3〜6.4	1.3〜4.2	0.4〜1.0

それは経済メカニズムからいっても明らかです．日本の国内では排出権取引もキャップ(排出上限)もありませんから，日本の国内で通用する CO_2 価格は外国でクリーン開発メカニズム (CDM) を実施したときの価格や，ヨーロッパから購入してきたときのカーボン取引の価格，世界銀行のプロジェクトで使われている価格レベル程度しかありません．日本国内で決められた値段はないわけです．ないのに，どうやって投資計画，研究計画を決められるのでしょうか．価格なしで企業の意思決定はできないのではないかと思います．

なぜ値段がつくかというと，希少性があるからです．CO_2 の総量規制など，少なくとも原単位規制があり，ある企業にとっての CO_2 の価値とほかの企業にとっての CO_2 の価値が異なるから値段がつき，トレーディングが起こるというのが経済的なメカニズムです．

ところが，日本を見ると CO_2 の値段がありません．産業界では自主行動計画をもってやりますから，キャップのようなものには触れないでくださいというのが現在の主張です．排出権取引については，一

部産業界はやや柔軟らしいのですが，鉄鋼と電力はトレーディングは時期尚早という視点でいるようです．

　ものに価値がつかないとトレーディングは発生しません．CO_2のマーケットでのトレーディングのメリットはどういうことかというと，コストがたくさんかかる人は自分で削減せずに，他人から買ってその対策に充てられるということです．それを国際的にやっているのが京都メカニズムのCDMであったり，JIという先進国同士の取引，さらに排出権取引です．そういうもののすべてのもとにある考え方は，コストは安く済むところで対策を進めましょうということです．

　日本にはどうも日本伝統の非経済学的手法というのがあるようです．70年代から日本の公害対策は非常に進んだわけですが，OECD（経済協力開発機構）の日本の環境政策レビューでは，日本は経済学的にあまり論理的でない部分があるけれども，なぜか成果としては上がっているということがいわれていました．日本は圧倒的に規制主義でした．60年代，70年代に大変な公害があり，それへの緊急対策として，政府はとにかくダイレクトコントロールするしかないということで強権発動をしたわけです．もちろん法律的に根拠があるのですが，それをOECDは，経済学的に必ずしも一番効率的な方法ではないかもしれないが，とにかく成果は上がったといっています．今回も何か非論理的なことが起こっているように見えて仕方がありません．

　自主行動計画自身は大変よくやっているのですが，長続きできるのだろうかと私は個人的に思っています．というのは，企業内の意思決定の尺度がないのでお困りではないか，と思うのです．

● スターン・レポート

　スターン・レポートというイギリスのサー・スターンという人がまとめたレポートで，何も対策しないと，気候変動による経済学的なインパクトはGDPの20%ぐらいまで達するかもしれない，20世紀初頭にあった世界恐慌や二つの世界大戦に並ぶような大きな混乱にな

るといっています．その影響を減らすにはどうしたらいいかということと，スターンは，いまのうちに GDP の 1% ぐらいを，投資しておけば，かなりの部分を減らせるでしょうということをいっています．IPCC の第4次評価報告書では，GDP 成長率の 0.2% ぐらい影響はあるかもしれないけれど，温暖化の影響は相当おさえられるといっています．しかし，このあたりは，議論がいろいろあるところでしょう．

4. IPCC インベントリープログラム

● 温室効果ガスのインベントリー（目録）づくり

私が担当している IPCC インベントリー・タスクフォースでは，国際的に標準となるような温室効果ガスの排出・吸収のインベントリー（目録）をつくる手段，手法，計算の仕方などを決めています．これらを条約上どのように使うかというのは条約の締約国会議総会で決めます．IPCC と条約締約国会議という政府間の機関は対等の関係なので，ここでつくられるものは彼らから指図を受けるものではなく，つくったものをどう使うかは条約締約国会議が決めるのです．

『1996年改訂版 IPCC 温室効果ガス目録ガイドライン』というものをつくり，COP3 の京都議定書の会議のときに，温室効果ガス排出量・吸収量の推計方法として公式にこれを使うことを決めました．日本は 1990 年比で 6% 減らしましょうといっている，いまの議論の計算の基礎にあるのが，この 1996 年改訂版ガイドラインです．

この 1996 年改訂版ガイドラインを使い始めて数年たってみたら，やはりあちらこちらに不都合がでてきましたが，これは京都議定書のインベントリーの規則なので，変えるわけにいきません．これを変えると，各国の排出量が変わってしまいます．しかし，科学の進歩もあり，96 年ガイドラインを補足するものとして，2000 年と 2003 年にグッド・プラクティス・ガイダンスというものをつくりました．

● ポスト 2012 年にむけて

さらに 2006 年に，1996 年改定版ガイドラインを全面改定した 2006 年ガイドラインをつくりました．7 分冊で，全部で 4,000 ページぐらいあります．重さが 10 キログラムぐらいありますので，400 部だけつくって，あとは印刷しないことにしました．全部ウェブサイトからダウンロードできますから，ご関心のある方はお読みください．

われわれの作業は 2006 年に終わっているのですが，これをどう使うかについては，締約国会議は，2009 年の 6 月に相談しましょうと決めました．2006 年ガイドラインは，京都議定書の第 1 約束期間よりあと，ポスト 2012 で使おうという発想があります．

ただ，率直にいって 2006 年にできたものを，2013 年から使いはじめましょうというのでは，それまでに古くなってしまうのではないかという懸念があります．2009 年の末までに加盟国は将来の仕組みについて合意をしたいと思っているわけですが，規則が決まらない状態で将来の仕組みを考えることになります．たとえば森林をどうあつかうかなどの問題もあるのです．ほんとうはもっと早く話し合うべきだったと思います．

● ソフトウェアとデータベース

2006 年ガイドラインは将来どう使われるか未定なところもあるのですが，いま，われわれはそれを簡単に使うためのソフトウエアの作成を進めています．これはシステム地図みたいなものが画面にでてきて，油の使用量や森林の面積などのデータを入れていくと自動的にインベントリーレポートができるという仕掛けです．

油の消費量，自動車の走行距離，森林面積などのデータをわれわれはアクティビティーデータ（活動量）といいますが，活動量×排出係数が排出量の基本的な計算の式です．その排出係数もいろいろありますが，4000 ページあるガイドラインでも全部カバーできるものではありません．そこで Emission Factors Database という，インターネッ

トのデータベースをつくりました．これで新しい排出係数を探すことができます．

さらに，ここで新たに排出係数を提案をすることができます．こういう研究をしたらこういう係数ができたという場合，IPCCでは科学的な正確さについては評価をしないのですが，手法とか客観的に見て問題がないと判断すれば導入します．ユーザーが自分の判断でその排出要因を使うか使わないかを決める，そういう不思議なライブラリーみたいなものです．これは一度ごらんになるとおもしろいかもしれません．

5. バリ行動計画

● 途上国は commitments なし

いよいよ気候変動枠組条約締約国会議の話に移ります．

バリの会議でいろいろと徹夜の議論があり，最後の最終会合で非常に大議論があって，バリ・アクション・プラン(バリ行動計画)がまとまりました．そのなかに以下のような文章があります．

> Decides to launch a comprehensive process to enable the full, effective and sustained implementation of the Convention through long-term cooperative action, now, up to and beyond 2012, in order to reach an agreed outcome and adopt a decision at its fifteenth session, by addressing, inter alia:
>
> (中略)
>
> (b) (i) Measurable, reportable and verifiable nationally appropriate mitigation commitments or actions, including quantified emission limitation and reduction objectives, by all

developed country Parties, while ensuring the comparability of efforts among them, taking into account differences in their national circumstances;

(ii) Nationally appropriate mitigation actions by developing country Parties in the context of sustainable development, supported and enabled by technology, financing and capacity-building, in a measurable, reportable and verifiable manner

このなかの fifteenth session というのは 2009 年末にコペンハーゲンで開催される COP15 です．COP15 で合意するという目的のために，以下に書いてあることを議題にしますということを決めたのです．

よく話題になるのがこの (b) の (i) と (b) の (ii) です．(i) が先進国で (ii) が発展途上国です．先進国のほうは割合わかりやすい内容になっています．先進国は Measurable, reportable and verifiable commitments or actions つまり「計測，報告，点検が可能な約束と行動」とあり，先進国については，これを議題にして議論しますよと書いてあります．

(b) の (ii) の発展途上国についても似たような表現があります．in a measurable, reportable and verifiable manner と書いてあります．ところが，よく見ると，こちらは commitments（約束）はありません．先進国には commitments があるけれど，途上国にはないのです．

英語的にもっとも問題なのは，(b) の (ii) の supported and enabled by technology, financing and capacity-building と書いてあり，その後に in a measurable, reportable and verifiable manner と書いてある部分です．議論になるのは，この in a measurable, reportable and verifiable manner（MRV：計測，報告，点検が可能な方法）が何を修飾しているのかです．仮に普通の英語の読み方で

は，supported から capacity-building までを括弧でくくる，とりあえず忘れておいて翻訳をするということになります．そうすると，何が measurable, reportable and verifiable かというと，action ですね．ところが，議論の過程で，趣旨はそうとも読めるが，技術や資金援助，能力向上のために先進国が発展途上国のためにする支援の内容も「計測，報告，点検が可能」でなければいけないというふうに読むという合意があったのです．

これは明らかに英語的にはおかしい．おかしいけれど，ネゴシエーターたちがそういうふうに合意をして，このように書いてしまった．日本語でいうと玉虫色の表現になってしまった．これは明らかにおかしな英語です．しかしそういうことは国際交渉ではよくあることです．

● developed country と developing country

おもしろいのは，この (b) の (i) は by all developed country Parties と書いてあります．(ii)は by developing country Parties です．

ところが，ご存じのように京都議定書や気候変動枠組条約のなかでは，先進国，発展途上国の分類はこういう名前ではなくて，Annex I Parties（附属書Ⅰ国）と Non-Annex I Parties（非附属書Ⅰ国）と書いています．この決議ではなぜか developed country と developing country になっています．なぜここで Non-Annex I Party, Annex I Party でなかったのかというのが興味深いところです．

具体的な例をいうと，たとえばメキシコ，韓国はどちらにはいるのかということです．メキシコ，韓国はもう OECD の加盟国ではないか，それなのに Non-Annex I ということで発展途上国のグループに入っているのはおかしいではないかという意見があります．当然韓国，メキシコは，いまは OECD のメンバーで DAC 援助受け取り国のメンバーではありませんから常識的にいえば先進国です．

それはともかく，この発展途上国に言及したパラグラフが入ったということが，バリ行動計画の大きなポイントといえます．いままで，

発展途上国は何らのコミットメントも，何らの削減目標も受け付けませんでした．地球温暖化を引き起こしたのは先進国であり，発展途上国は被害を受けただけなのだから，まず先進国がアクションをとりなさい，それから発展途上国のアクションを考えましょうというのが従来からの主張です．ところが，この合意をしてくれた，これをもって若干発展途上国側が歩み寄ったと，そういうふうに読めるかもしれません．ただ，さきほどの変な条件はついていますが．

そのほか，議題の対象に入れるものとして，前述したREDDとセクター（産業分野）別アプローチがあります．産業セクターごとにどこまで削減できるかを決めて，それを足し合わせて全体の目標をつくりましょうというのが，日本も主張しているセクター別アプローチです．これもしっかりこのバリ行動計画に入っています．

● **フットノート**

もう一つおもしろいのは，この決議のページにでてくる urgency（緊急）という言葉にフットノート（脚注）がついており，そこに IPCC のワーキンググループ 3 の報告書のチャプターナンバーとページナンバーが書いてあるのです．非常に唐突なフットノートで，国際会議の決定としては常識的には考えられないものです．そのフットノートにはページ 776 とあり，その報告書の 776 ページを見ると，図 4.6 の表が載っています．この表を見ると，Annex I は 2020 年までに 25 ～ 40% 削減する必要がある，Non-Annex も努力しましょうと書いてあります．

実はこの 25 ～ 40% という数値目標を一部の国が最初は決議に盛り込もうとしたのです．先進国の一部が反対をして載らなかったものだから，なぜかフットノートにこのページが引用されている．交渉の過程でこういう数値が意識にあったということはご記憶いただきたいと思います．

安倍元総理が，ハイリゲンダムのサミットで「クールアース 50」，

2050年までにグローバルに50%減らしましょうと提唱しました．しかし，先進国は，発展途上国が発展しなければいけないことを認めていますから，グローバルに，先進国も発展途上国も共通に50%減らすという理屈は通りません．

そのときに，この表を見ると，先進国は2050年にはマイナス80%からマイナス95%と書いてあります．これは一例なのですが，50%はすべての国についてではありませんよということが，科学のいわば常識になっています．

いずれにしても2000年レベルから80%削減しなければいけないような場面がでてくる可能性があるということです．2050年といったらずいぶん先のことと思われるかもしれませんが，意識をして長期的に対策を考えていかなければいけないでしょう．一番楽な状態でも50%は減らすのですから．ただ，それでは済みません．それを超えるレベルまで減らす必要があります．

もちろん95%削減というようなことになると，低炭素社会どころ

Box 13.7 The range of the difference between emissions in 1990 and emission allowances in 2020/2050 for various GHG concentration levels for Annex I and non-Annex I countries as a group[a]

Scenario category	Region	2020	2050
A-450 ppm CO_2-eq[b]	Annex I	−25% to −40%	−80% to −95%
	Non-Annex I	Substantial deviation from baseline in Latin America, Middle East, East Asia and Centrally-Planned Asia	Substantial deviation from baseline in all regions
B-550 ppm CO_2-eq	Annex I	-10% to -30%	-40% to -90%
	Non-Annex I	Deviation from baseline in Latin America and Middle East, East Asia	Deviation from baseline in most regions, especially in Latin America and Middle East
C-650 ppm CO_2-eq	Annex I	0% to -25%	-30% to -80%
	Non-Annex I	Baseline	Deviation from baseline in Latin America and Middle East, East Asia

Notes:
[a] The aggregate range is based on multiple approaches to apportion emissions between regions (contraction and convergence, multistage, Triptych and intensity targets, among others). Each approach makes different assumptions about the pathway, specific national efforts and other variables. Additional extreme cases – in which Annex I undertakes all reductions, or non-Annex I undertakes all reductions – are not included. The ranges presented here do not imply political feasibility, nor do the results reflect cost variances.

[b] Only the studies aiming at stabilization at 450 ppm CO_2-eq assume a (temporary) overshoot of about 50 ppm (See Den Elzen and Meinshausen, 2006).

Source: See references listed in first paragraph of Section 13.3.3.3

図4.6 IPCC第4次評価報告書 WG III 報告書 Chapt 13. Page 776

ではありません．脱炭素社会です．場合によると排出量がマイナスでなくてはいけない部門もでてきます．マイナスというのはどういうことかというと，排出するものをすべてCCSで埋め，かつ電力などは自然エネルギーからもってくるというようなことを考えないといけません．細かいことで縄張り意識とかそんなことをやっているような時代ではないのだろうと思います．相当長期的に考えていかなければ，そんなことはできません．

● **長期協力行動**

バリの会議で，新しくアドホック・ワーキンググループをつくることになりました．Long-term Cooperative Actions（長期協力行動）に関するアドホック・ワーキンググループ(AWG-LCA)で，グローバルに先進国と発展途上国の両方が加わって将来どうするかという議論をします．もう一つ従来からあるアドホック・ワーキンググループは京都議定書アドホック・ワーキンググループ(AWG-KP)で，これは先進国，Annex I のグループの将来の削減ランクをどうするかという議論のためのワーキンググループです．

2008年3月31日から4月4日までバンコクで，AWG-LCAの初回会合とAWG-KPの第5回会合(第1部)が開催されました．当然のことながら，先進国は両方を一緒に進めたいわけです．ところが，発展途上国側は，長期協力行動というのは後回しにして，京都議定書の将来像をまず議論すべきだという立場です．交渉上さらに複雑な問題が適応と資金の問題と技術移転の問題で，この二つが長期協力行動のキーワードなのです．全体としてまだよく議論が見えていません．

余談ですが，日本ではしばしばポスト京都ということばが聞かれるのですが，これは海外では京都議定書をなくした状態でどうするかというふうにとられているのです．ポスト2012というのは2012年の後と受け取りますので，これは中立的なのですが，ポスト京都と英語で書くと国際会議ではひんしゅくをかいます．現にバリの会議では

日本がひんしゅくを買いました．環境 NGO が今日の失言とか今日の悪い挙動を化石賞といって表彰する制度がありまして，日本はある日，ポスト京都を意味する発言をしたために化石賞を二つもらったということがありました．長期協力行動はポスト 2012 年のレジームをつくるときに，先進国と発展途上国にどういう責任を負わせるかという話であり，これは地球温暖化問題の核心です．ですから，こんなふうに交渉が進まないのです．

バリ行動計画で，(b) の (ii) が合意されたのは一つの進展なのですが，もちろん発展途上国がこぞって，さあ，みんなやりましょうといっているわけではありません．大多数の国は，発展途上国は排出についてはほとんど責任がなくて被害ばかりを受けるのだから，まず先進国に責任を果たしてもらいましょうという立場を依然として守っています．もう少し哲学的な信条として，自分の問題は自分の問題だ，他人の話は一切知らない，一切聞かないというレベルの議論もあります．インドと中国あたりがそれに一番近い立場です．いずれにしてもこれは 2009 年末までにとにかく決めないといけないのですが，正直いってあまり進んでいません．

● **AWG-KP（第 5 回）の合意**

それに引きかえ京都議定書のほうは，これは先進国だけの問題ですから，発展途上国も，さあ，どんどんやりましょうといっています．バンコクの会議では，京都メカニズムの CDM，JI や排出権取引などを 2012 年以降も使うということに少なくともアドホック・ワーキンググループレベルでは合意しました．ただ，これは改善することが必要だということですので，今後どこまで修正するかという議論になります．

つぎに Land-Use, Land Use Change and Forestry（LULUCF, 土地利用，土地利用変化及び林業部門）による排出削減と吸収増加も引き続き利用可能とすることも合意されました．つまり森林による吸収

量と排出量の評価の問題です．従来からの森林についての大きな議論は，森林というのは切られたり，病害虫だとか，森林火災だとかがあったらなくなってしまう，恒久的でないということが非常に弱みになっていました．その証拠に，たとえばヨーロッパは森林関係のプロジェクトをサポートしないという立場をずっと維持していたわけです．

LULUCF も一応バンコクでは合意しました．ただし，森林についていろいろと述べている COP7 の規定の一部は第1約束期間，2008年から2012年だけにしか適用されないということを確認しています．

ちなみに日本の 6% の削減目標のなかで，3.8% を森林関係で充当することになっています．これはおそらく林野庁で大変な努力をして達成されるでしょう．しかしそれが第2約束期間のときにもあるかどうかは不確定です．日本がいくら頑張ってもほとんどカウントできないというようなことになりかねません．

● **残された課題**

さらに残された課題としてセクター別アプローチの問題，それからわれわれの仕事に近いところで，温室効果ガスの範囲，さらに飛行機，それから船舶からの排出，国際的な排出権取引の問題は今後検討していくことになっています．

セクター別アプローチによる削減は，よい面と悪い面があります．もちろん効率的になるのは非常によいところですが，セクター全部を足し合わせても全体の必要削減量に達しないかもしれない危険があります．

日本は一生懸命これを押していますが，発展途上国の一部に明らかに反対しているところがあります．なぜ反対するかというと，発展途上国の産業界と先進国の産業界とが一緒になって目標をつくるということは，発展途上国の少なくとも一部が目標をもつということになります．それは彼らの基本的な立場と反してしまうのです．

温室効果ガスの範囲の拡大というのが検討課題になっています．京

都議定書では，二酸化炭素(CO_2)，メタン(CH_4)，亜酸化窒素(N_2O)，ハイドロフルオロカーボン類（HFCs），パーフルオロカーボン類（PFCs），六フッ化硫黄(SF_6)のいわゆる6ガスというのが対象になっています．ところが，6ガス以外も温室効果ガスがあります．SF_6があるのにどうしてNF_3（三フッ化窒素）がないのか．量的にはたいしたことはないのかもしれないけど，バランスがよくありません．さらに，HFC，PFCはあるけれど，このなかにエーテル類，ケトン類が入っていません．それらをどうするかという問題です．これもまたいろいろ見方があります．それを入れたら排出量を計測するのも大変だという見方もありますし，発展途上国のほうからはそれらのガスを入れると先進国は削減がしやすくなる．ガスの範囲が増えれば増えるほど，こんなに削減しますということをいいやすくなるのではないかという見方もあります．

以上いろいろ述べてきましたが，なかなかこの世界，オプティミストでいるのは難しい時代です．ただし，なんとか温暖化対策は進めていかなければならないということだけは間違いありません．そのための国際的な協力と努力が是非とも必要だと考えています．

第 5 講

エネルギー環境問題と投資制度設計
政府は「転ばぬ先の杖」を正しくつくれるか？

戒能 一成

1. 投資の現状

● 日本における投資とその動向

〈投資とは〉

マクロ経済学の見解では投資の本質は貯蓄だといえます．たとえば，GDP の三面等価というものがあります．国内で生産された財サービスのうち，民間であれ政府であれ，いろいろな人がつくり出した国内の付加価値の総額は基本的には国内の総支出に等しく，国内で消費されるか，あるいは未来にむけて投資されるかのどちらかです．投資が行われるためには，その裏でだれかが貯蓄してくれることが必要です．

ただ，ここで議論したいエネルギー環境問題への対応のための投資や，あるいは環境リスクに対する先行的な投資という意味でいうと，このマクロ経済学の定義では少し困ることがあります．というのは，研究開発投資については，普通はこのマクロ経済学の定義による投資のなかには含まれていません．基本的にはビルや機械などの生産設備，あるいは場合によっては土地の改変などという固定資本形成と在庫品増加だけがマクロ経済学の定義での投資です．ところが，実務的に考えた場合，固定資本形成と在庫品増加だけで将来が決まるわけではありません．とくに現代のいろいろな財サービスの質的側面を決めるのは研究開発なので，ここでの議論では，最終消費支出のなかから研究

140 ■ 第5講　エネルギー環境問題と投資制度設計

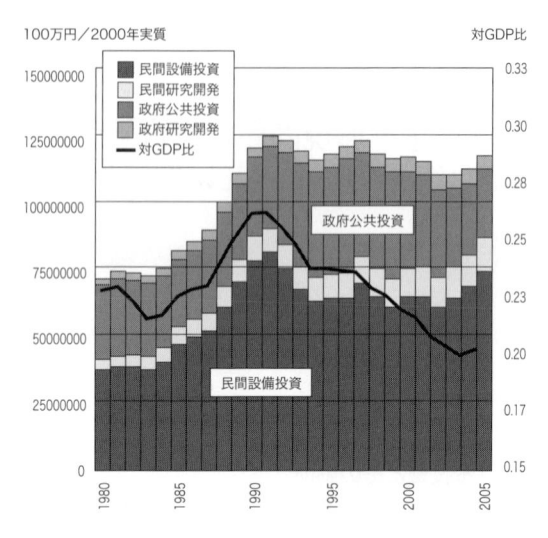

図5.1　日本における投資水準推移

開発を抜いてきて，これを含めて広義の「投資」と考えます．

たとえば，いろいろな省エネルギー機器，あるいは汚染物質の排出を削減するための技術や設備を導入させようと考えたときに，それに関連する設備や機器を整備するための投資を規制や税などの方法でどう誘導するか，あるいはその規制や税に対応するための将来の知見を獲得し，技術を開発するための研究開発に投資をどうやって促進するか，ということがここでの「投資」に関する議論の目的ということになります．

〈日本における投資の推移〉

現在実際に，国内でどれぐらい「投資」が行われているかという点ですが，2005年度の実績で，2000年の実質価格に換算した国内総生産は約585兆円あります．そのなかで「投資」された額は，だいたい118兆円，約2割が投資に回っている勘定です．固定資本形成とし

1. 投資の現状 ■ *141*

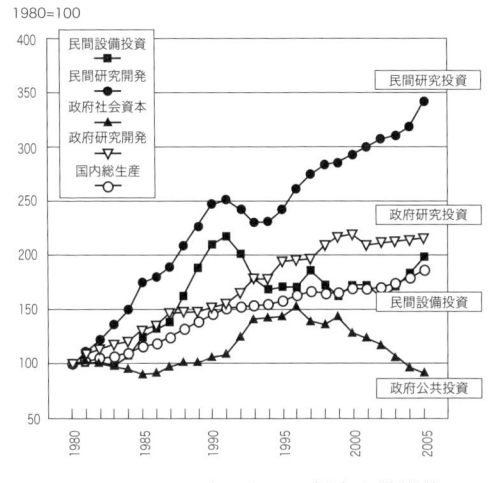

図5.2 日本における投資水準推移

ていろいろな設備や機器あるいは建物といったものの投資に回っているものが約100兆円，17.1%です．固定資本形成の内訳は，民間の設備投資が74兆円，政府の公共投資が25兆円になります．在庫品増加というのもありますが，総額で1兆円に届きません．国全体のマクロの経済でみると，在庫品の増加というのは考えなくてよい程度の水準であるということです．一方研究開発投資は約18兆円であり，民間の研究開発投資が12.7兆円，政府の研究開発投資が5兆円になります．

日本全体の固定資本形成として，機械や建築物などの固定資本に使われている投資のほうが研究開発投資の5倍ぐらい多いということになりますが，組織あるいは事業体によって，この比率はかなり変わります．たとえば，サービス業や商業などの第3次産業では研究開発というのはほとんどないに等しいぐらいの水準だと思います．むしろ，設備投資というのがとても大切になります．第3次産業では，「どこへ出店するか」ということが決定的に重要です．しかし製造業では，

「何をつくるか」のほうが重要なので，設備投資より研究開発投資のほうがはるかに多く，たとえば医薬品会社の場合ですと，設備投資というのは年間ほとんどなく，その50倍ぐらいの研究開発投資を毎年しています．

国内の「投資」というのが約118兆円と説明しましたが，そのほとんど半数以上が民間の設備投資です．国内総生産に占める投資の割合は90年代に最高を記録した後，ずっと下がっています．これは，だれかが貯蓄してくれないと投資はできないと冒頭で述べましたが，日本国全体で高齢化が進み貯蓄を取り崩して生活をされている人が増えているので，貯蓄率が下がってきているということです．限られたお金のなかで何を現在消費して何を将来に投資するかということを考えていくわけですから，当然国内総生産に対する投資の比率というのは下がってしまいます．ですから，基本的には，先進国のなかでもとくに成熟した先進国の場合，その国のなかで研究開発であれ設備投資であれ，自由にお金が使えて右肩上がりに投資を増やせるという状況は，基本的には生じないということです．

アメリカは国土のなかで内的な開発ができる余地が非常に大きく，日本ほど高齢化が進んでいないので，貯蓄と投資のバランスでいうと，日本よりかなりふんだんに投資に使える状況にありますが，ヨーロッパは逆にもっと深刻な状況にあります．

「投資」の内訳の推移をさらに詳しく見ていきますと，一番伸びているのは民間の研究開発投資です．ほぼ1980年代から一本調子で増加しています．1990年ごろのバブル期の直後に一旦下がっていますが，基本的には回復して堅調に推移しています．それに対して，民間設備投資は，国内総生産の伸びと同じぐらいの鈍い伸びで推移しています．1990年代に，設備投資の大きな山がありますが，これはいわゆる「バブル経済」期に起きた建築・不動産ブームと呼ばれるものです．

政府については，科学技術基本計画で研究開発投資を今後増やしていこうということを1990年代の終わりごろに決定したこともあり，

研究開発投資は伸びつつありますが，残念ながら，財政再建のために公共投資は徐々に下がってきています．もちろん，現在の生活の利便を図るための道路や橋などの社会資本と，将来の付加価値の種を得るための研究開発投資とどちらが大事かというと，これは長期的に見れば明らかに研究開発投資ということになるわけですが，投資額だけで見ると，なお公共投資のほうがかなり多いという状況が続いています．

投資の総額が2005年で約118兆円，国内総生産の約2割と説明しましたが，民間で投資している部分はそのうちの87兆円で，投資全体のうちの7割ぐらいになり，政府が投資した部分が残りの3割ということになります．エネルギー環境問題というのはとても時間の尺度が長いので，民間より政府が主体的に取り組むべき問題ではないかということを指摘する人が多いのです．実際，ある面ではそのとおりだと思います．しかし，日本全体で行われている「投資」の量がどういう配分をされているかということから考えると，政府部門の投資というのは民間より少ないのです．その配分をどうするかというのはもちろん問題として考えることができますが，量的にはるかに大きい「民間が行う投資」をどう誘導していくかを考える必要があるということが，ここでの結論になります．

〈民間設備投資〉

民間の設備投資がどのように推移してきたかという点について，さらに詳しく見てみます．エネルギーや環境分野に民間の投資を誘導したいのであれば，いったいいま投資が何に使われているのかを分析をせざるをえません．何をどう誘導しようとしているのかがわからなければ，政策は基本的にはつくれないので，まず現状を分析する作業が必要になります．

民間の設備投資に関しては，1990年以降，基本的には年間約70兆円ぐらいでほぼ飽和しており，増える年があれば減る年もあるという状態で推移しています．次に民間の設備投資の内容を見ます．いろ

いろな人に設備投資と聞いて頭に思い浮かべることを聞きますと，だいたい製造業の機械設備や自動車の生産ラインなどといったものがあげられますが，年間約70兆円の民間設備投資のほとんどは，実は第3次産業の店舗や事業所の設備の整備に使われており，構成比も第3次産業のほうが第2次産業などを超えて増え続けているというのが現状です．

1980年代ごろには産業別の設備投資の比率は第1次産業と，第2次産業を合わせたものと，第3次産業で1対1だったのですが，いまや4対6まで変化しています．第3次産業のほうが設備投資の量が大きくなっていますが，どの業種で増えたのかを見た場合，大きく増えたのが対事業所サービスであることがわかります．コンサルタント会社，あるいは製造業から独立した研究所や政府系の研究機関なども対事業所サービスになりますが，これが非常に伸びています．一方で，製造業の設備投資には波があり，毎年の景気動向により非常に影響を受け，また影響を与えますが，その大きさは4割くらいになってきています．設備投資というと製造業と考えがちで，工場の省エネルギーや環境保全投資を想定しがちですが，第3次産業の店舗や建築物への設備投資のほうが無視できない大きさになっているという認識をもつことが重要です．

基本的に製造業はいろいろな製品をつくりだして世のなかに売る産業ですから，将来にエネルギー環境面で優れた製品をつくってもらうという効果を考えれば，短期的な設備投資よりもエネルギー環境関係の長期的な研究開発投資を増やしてもらったほうがよい場合があります．ところが，第3次産業のほうは基本的に，設備投資の内訳は店舗やオフィスビルなので長期的な効果があり，研究開発投資の効果というのは限定的か，あるいはほとんどない場合が多いのです．また日本全体で見ると量は多いのですが，個々の店舗やオフィスビルを見るとエネルギー環境面での負荷が非常に小さいので，設備投資にあたってエネルギー環境問題が忘れられがちであるという点があげられます．

一例ですが，卸小売業の総コスト構造に占めるエネルギーコストの占める割合は，だいたい2%ぐらいであり，サービス業では1%を切っている業種が多いのです．ですから，第3次産業の経営者からは，「そんな少額のコストを節約するために何でわざわざお金を使って投資をしないといけないのだ」とよくいわれます．「建築物の断熱基準や省エネルギー基準をもっと引き上げさせていただきたいのですが」などという話をすると，第3次産業が全体として無視できないエネルギー環境負荷をもっており，また設備投資の水準も非常に大きいという認識を第3次産業の経営者はあまりもたないので，「なぜそんなことをしなければならないのか」ということから話が始まり，まったくかみ合わないことがよくあります．もちろん最近は，京都議定書の批准以降，かなり認識が変わってきていますが，それでも，自分の業界のエネルギー環境負荷と設備投資水準が，世の中の全体から見ると，実はすでにかなりの比率を占めているという認識が，この業種にはまだ不足しているといえます．

〈民間研究開発投資〉

エネルギー環境問題に対処していくためには，さまざまな省エネルギー設備や機器，あるいは環境規制に対応できるような排出低減技術の開発が必要であり，研究開発投資は非常に重要です．

1990年以降の研究開発投資は急激に増加しており，国内総生産に占める比率もほかの先進国よりかなり高い水準で日本の研究開発投資は増えていますが，その90%以上は製造業による研究開発投資です．とくに，化学，電気機械，輸送機械の3業種で8割以上を占めます．鉄鋼業やいろいろな非鉄金属など他の製造業は，個別業種で見るとほぼ無視できるほど小さい水準にあります．一方で，機械産業の占める比率はとくに大きく，電気機械だけで日本の研究開発投資の3割ぐらいを占めています．さきほど述べたように第3次産業が設備投資の半分以上を占めていたわけですが，研究開発投資という面で見ると，

第3次産業はほとんどないに等しい水準にあります．第3次産業の経営者からすると，将来にむけての研究開発というのはあまり重要ではなく，かなり短期的な，その時点その時点での戦略をどう実現していくかというほうが問題としては大きいということが考えられます．

〈政府投資〉

日本国内の「投資」のうち7割が民間，3割が政府と述べましたが，その3割の政府の「投資」の内訳を見ていきますと，基本的にはほとんど公共投資であることがわかります．政府の研究開発投資は大半が大学や政府研究機関に行っており，額としては少ないですが，その大部分は基礎研究に使われています．

したがって問題になるのは公共投資ということになるわけですが，1995年に財政再建のために財政改革法が制定されて以来，公共投資は財政破綻を回避するために国でも地方でも近年，急激に減りつつあります．さらに，公共投資の内容はものすごく硬直的で，ガソリン税と軽油引取税を財源に整備されている道路がだいたい3割弱，その次が治山治水，あとは空港や漁港，住宅・下水道整備，農業・林道関係に投資されているのですが，この10年間いろいろな社会的経済的な変動があったにもかかわらず，公共投資の内訳構成比がほとんど変わっていないという問題があります．

● 投資行動における基礎理論と現実

〈民間投資〉

次に，どうすれば日本国内の「投資」をエネルギー環境問題などの将来にわたる問題に振り向けていけるのかを考えていきます．いままではマクロ経済学の話でしたが，ここからは個別の企業の行動など，ミクロ経済学の世界に入っていきます．古典的な企業の投資理論というのはよく知られているとおり，たとえば，個別の案件ごとに，ある時点で100億円投資をすると，その投資に関連する収入と費用の将来

回収分が，現在価値に換算してどれぐらいその投資の額を上回っているかという収益率を判断して投資が行われる，というものです．なぜ将来の収益を割引いて現在の価値に換算するのかという点について簡単に説明します．

ある人が「来年100万円もらう」という話は「いま100万円もらう」という話と比べると損になります．なぜかといいますと，いまもらった100万円を銀行に預けておけば基本的には金利がつくので，来年には少なくとも101万円以上になっているはずだからです．ですから，「来年100万円もらう」というのは，「いま99万円もらう」という話と同じであり，割引いて考える必要があるからです．したがって，ある時点で100億円投資をしたときに，何年か後に1億円ずつ100年利益が上がりますという投資は，普通はまったく儲からないのと同じ意味になります．というのは，100年先の1億円というのは割引いてしまうとないに等しいからです．つまり，投資の世界では長期金利を基準にした割引率を前提に判断がなされるので，遠い将来にお金が回収される儲け話というは相対的には損になるのです．

当然のことですが，将来の収益を現在価値換算するときに，割引率が2%なのか3%なのか，あるいは5%なのかということで，投資の判断の結果は大きく変わります．普通の企業の場合，民間の通常の金利レートである長期プライムレートよりもはるかに高い割引率を前提に，投資の判断がなされます．たとえば長期プライムレートが2%だったら，5%や7%の割引率の水準で回収できなければ利益が出ないと考えます．どれぐらいの割引率で回収ができるのなら，ある案件に投資するかという点については，企業によってばらつきがあります．

個々の投資案件というのは，いつごろ，いくらぐらい利益が上がるか，あるいはどれぐらい先に回収ができるかを基準に判断されるのですが，それを概念的に示したものが長期金利を縦軸にとり，横軸に投資額の大きさをとって並べた投資スケジュールと呼ばれるものです．各時点でその会社の考える主観的な割引率を前提に，どこまで投資す

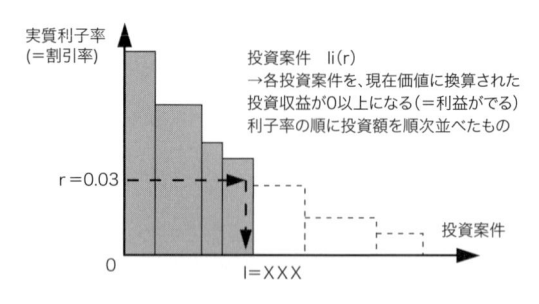

148 ■ 第5講 エネルギー環境問題と投資制度設計

図5.3 利子率による投資水準決定

るのかというのは，当該投資スケジュールと主観的割引率の交点で決まります．この割引率が高ければ，当然，投資する額は減ります．何らかの理由で低金利でお金が借りられるなど主観的な割引率が低くてよい会社があったとしたら，投資する額は大きくなります．

割引現在価値について詳しく説明しましたが，いま投資した額がいつごろどれぐらいの確率で回収できて利益が出るのかという観点からは，割引現在価値が低い投資，また投資回収に時間がかかる投資というのは当然劣後され，後回しにされます．たとえば，投資額と比較して，将来収益が小さい案件や回収に100年単位の時間がかかるような案件には普通は投資されません．割引率3%で割引いてしまえば，50年後の1億円というのは2,300万円にしかならないのです．したがって，企業側から見た場合，割引率を考えたうえでどういう案件が投資に値するのかが非常に大事なポイントです．

エネルギー環境問題の投資というのがほとんどがこの両方に当てはまります．ある大型小売店の会社が，その店舗に省エネルギー型の断熱材を使って，あるいはペアガラスを入れて省エネルギーを行った場合，電気代などのエネルギー費用が減り，それで回収するのですが，普通の建築物の耐用年数というのは30年から40年ですから，省エネルギー投資というのはほとんどの場合，まったく利益の出ない投資ということになります．一方，たとえば製鉄業で，高炉の断熱材を更

新して省エネルギーをし，6か月くらいで回収するという案件などの場合であれば，ほぼ必ず投資されます．

したがって，割引率を考慮したうえでどの程度収益が得られるかという点と，投資の回収がいつごろどの程度確実に行えるのか，という二つの点が投資を誘導する制度をつくるうえで非常に重要な点です．この二つの点に影響を与ええないような制度を組んでも，基本的には投資はしてもらえない，ということです．

〈政府投資〉

政府の投資については，実は理論というものはありません．民間における割引率といった判断基準は基本的に設けられておらず，国会で予算の審議を行った際の「必要性」如何が投資の是非を決めているのが政府部門についての現実です．毎年度の「必要性」の判断にあたって事業自身の採択をどうするかについては審議されるのですが，事業の金額の大きさは，事業自身の目的以外の要素で決まることがあります．1990年代中盤ごろに行われた景気対策のための公共投資の増額はこのタイプのものです．優先度が高くない道路整備や治山治水の投資自体はあまり意味がないわけですが，国全体の景気を浮揚させる効果はあるので投資が行われます．政府投資においての「必要性」や「優先度」は個々の案件ごとに判断されますが，その時間尺度や影響を相互比較することは非常に困難です．前述したように公共投資の分野別の比率はこの20年間ほとんど変わっていないわけですが，要するに，比較できないから「必要性」や「優先度」についてあまり切磋琢磨されてこなかったのが現実です．

政府投資の特徴の一つは，研究開発投資であれ公共投資であれ，強烈な慣性が働くという点です．国会で予算として議決された案件は，よほどのことがない限り長期間続くことになります．外部事情が変化して，ほんとうに当該事業を継続するのが妥当か疑問だという状況になっても見直しはなかなか行われません．国会で予算として審議され

可決されたという事実はものすごく重みをもっていますが，逆に，重みがありすぎるのです．

　既存案件が幅をきかせているなかで，新しい案件の予算を通そうとすると，その「必要性」や「優先度」ついて何段階もの検討や査定，審査が入ります．各省庁の間での予算の取り合いというのもあるわけですが，それが終わった後でも，予算が執行できるようになるまでには，かなりの期間と関係者との調整が必要です．1,000円単位まで積算がこうなっていてこれだけお金が要りますという話を細かく打ち合わせて，執行できるようになるのは次の年の5月以降になるので，機動的な投資判断はほとんど期待できません．公務員が世の中に問題があると認識してから，それがほんとうに予算として実現され，国が投資を開始するまでには，災害対策などの例外を除いて，研究開発投資であれ公共投資であれ，約2年かかります．スピードという点では，政府ほど鈍重なものはありません．

● **投資の現状と課題**

　以上の日本における投資の現状をまとめると，以下のようになります．

① 民間の投資の意志決定は，長期割引率と回収見通しを基にした投資収益で決定される
② 民間の設備投資は飽和する傾向にあり，第1・2次産業より第3次産業のほうが比率が高い
③ 民間の研究開発投資は増加しているが，一部の製造業に偏っている
④ 政府の公共投資は減少傾向にあり，かつ内容が硬直的である
⑤ 政府の研究開発投資は増加傾向にあるが，まだ額的に大きくない

したがって，何の政策制度もない状態で，50年後や100年後に生じるエネルギー環境問題に対して，民間が自律的に投資することはまず考えられないわけです．企業というのは，稀にその枠を超えての活動を行うことはありますが，基本的には投資収益がどうなるかということを主体に活動していますから，50年先のことを考えるということはほとんどないといってよいと思います．エネルギー環境問題といった超長期的な潜在的脅威に対しての対策というのは，本来は国が実施すべきものというのは理屈ではあります．しかし，国というのは必ずしも的確な意思決定や投資判断を行えないというのが実態です．あるいは，対策に必要な技術を自分でもっているとは限りませんし，たとえば国自身がハイブリッド自動車の技術をもっているわけでも，新型家電の技術をもっているわけでもありません．このため，何らかのかたちで国が制度を組み，その制度のもとで約118兆円ある国全体の投資のなかの7割を占めている民間部門に対して，エネルギー環境問題に投資してもらうように誘導するのがもっとも合理的だということになります．

2. 投資と制度

● 投資制度の種類

投資を促進する政策制度には，実にいろいろな種類のものが提案されています．一般にエネルギー環境についての制度というと，課税や割当制度が有名ですが，実際には主要なものだけでも次にあげる七つほどの分類があり，実際に使われています．

A．直接的強制制度
　A-1．対政府—計画規制制度
　A-2．対民間—設備規制制度
B．間接的誘導制度

（不利益型）
　B-1．対民間―量的規制制度
　B-2．対民間―課税措置制度
　B-3．対民間―性能規制制度
（助成・支援型）
　B-4．対民間―計画規制制度
　B-5．対民間―減税・助成措置制度

　もちろん，もっとも合理的だといわれているのが課税措置や量的規制による割当措置ですが，実はそれ以外にもたくさん制度があり，実際に使われています．

● **直接的強制制度**
〈計画規制制度〉
　あまりなじみがないのですが，政府に対する直接的強制制度，つまり特定の投資を国が自分自身に対して義務づける国の行政計画制度というものが存在します．普通，公共投資にせよ，研究開発投資にせよ，政府の投資行動は国会で議決された毎年の予算の内容にしたがって実施します．予算案というのは衆議院で可決されれば法律としての効力をもつので，それ以上特別な制度というのは普通は要しません．しかし，一部の政策措置においては，毎年審議して決めるのではなく，10年ぐらいの年度の計画をつくって，計画的に投資を行うことを義務づけられているものがあります．その典型的なものが科学技術基本法に基づく科学技術基本計画です．

　政府研究開発支出は少ないながらも伸びていますが，その基礎になっているのが1995年に定められた科学技術基本法で，参議院の附帯決議で「政府は，次の事項について遺憾なきを期すべきである」として，「科学技術基本計画は10年程度を見通した5年ごとの計画とすること．計画策定に当たっては科学技術創造立国を目指すため研究開

発投資の抜本的拡充を図るべく，計画のなかに，講ずべき施策，規模を含め具体的な記述を行うよう努めること」とあります．長期的に計画をつくって投資を続けることを政府に対して義務づけているわけです．

〈設備規制制度〉

つぎに民間に対しても，何かの投資を実施して設備を整備せよということを直接義務づけている制度があります．ただし，これは非常に例外的な制度です．政府にはいろいろな規制制度がありますが，特定の設備・機器を置かなければならない，というのは例外的で，人の生命・健康被害に関する場合であっても，ほかに合理的な代替手段がある場合には設備規制制度というのは普通は用いられません．ほかに合理的な代替手段があるなら，普通は性能規制と呼ばれる別の規制制度が使われます．典型的な設備規制制度の例は，住宅の火災報知器の設置義務です．2004年に消防法で決まったのですが，これは9条の2という条文を改正して，家を建てる人は火災報知器を設置することを義務づけています．

消防法のなかでもたとえば業務用建築物，学校，病院や興行場，百貨店については，設備基準ではなく性能基準が用いられています．ここでは「消防の用に供する設備，消防用水及び消火活動上必要な施設について消火，避難その他消防の活動のために必要とされる性能を有するように，政令で定める技術上の基準にしたがって，設置し維持しなければならない」と書かれており，特定の機器の設置は義務づけていないのです．ある防火性能をもっているのであれば何をつけてもよい，というのが性能規制の例です．

なぜ，設備規制制度が限定的に使われており，性能規制が多く用いらているのかというと，ある特定の設備や方法を義務づけた場合，ほかの合理的な技術的対応や研究開発の可能性をあらかじめ排除してしまうことになるからです．カリフォルニア州が，Clean Air Act とい

うアメリカの大気汚染防止法に基づいて，自動車メーカーは電気自動車を総販売台数の10%売りなさいというCARB規制と呼ばれるものを実施しようとした例があります．現在では，電気自動車でなくてもよいが汚染物質の低減を図りなさいというかたちの性能規制に変わっていますが，当初は電気自動車という特定の技術を指定したある種の設備規制だったわけです．

それにつられて，経済産業省も，1990年ごろ，電気自動車への投資をせよという法案をまじめに検討したことがあります．仮にほんとうにこんなことをやっていたら，バッテリーで動く電気自動車の技術は進んだかもしれませんが，現在のクリーンエネルギー自動車の主流であるハイブリッド自動車と呼ばれるものは多分存在しなかったはずです．そうすると，たかだか何万台程度の電気自動車を増やすということには確かに成功したかもしれませんが，その後のいろいろな技術的可能性をその時点で摘んでしまったかもしれないのです．

● 間接的誘導制度

〈量的規制制度〉

一番よく使われる間接的誘導制度の例は不利益型と呼ばれる量的規制制度です．たとえば排出権割当，あるいはモントリオール議定書に基づくフロンの生産・使用規制制度などが典型的な量的規制制度です．民間に対して特定の財やサービスの消費や汚染物質の排出を量的に規制するために，当該規制を遵守しようとする場合には結果として何か投資せざるをえないという仕組みです．エネルギー環境問題で典型的な例はEUの排出権取引制度（EU-ETS）です．大気汚染物質や水質汚染対策などを中心に日本でもたくさんの実例があります．

〈課税措置制度〉

課税措置制度はいわゆる環境税などがこれにあたります．政府が民間に対して特定の財，サービスの消費や汚染物質の排出に課税や課徴

金を掛けます．仮に税や課徴金が安ければそのまま税・課徴金が支払われますが，税・課徴金の負担を減らしたい企業は結果として投資を行い対策を進めるはずである，というのが基本的な課税措置制度の構造です．エネルギー環境問題で典型的な例は北欧諸国の炭素税や環境税制度です．税・課徴金を課すことによって，お金を払い続けるのは企業としては不合理ですから，投資して温室効果ガスの排出を減らすであろうということを前提に税率や課税方法などの制度を組んでいくのです．

〈性能規制制度〉

性能規制制度は政府が民間に対して製品やサービスの性能基準の遵守を義務づけ，その基準を満たすために何かの投資を誘導する制度です．エネルギー環境問題の典型的な事例に省エネルギー法による効率基準措置があります．たとえば，工場を操業する場合については毎年のエネルギー消費原単位を改善すべしという判断基準が設けられており，「トップランナー方式」と呼ばれる乗用車の燃費基準や家電機器の効率規制もこれに該当します．通常は目標となる性能基準はかなり高めに設定され，将来の特定時点で当該性能基準を満たしていないと不利益処分を受けるわけですから投資が必ず必要になる，つまり投資誘導措置であると考えられます．省エネルギー法の燃費基準制度が，環境税や排出権割当制度と並ぶ経済的措置だというふうには従来は考えられていませんでしたが，よく考えてみれば燃費基準を満たすようにといわれた自動車メーカーは一生懸命設備投資や研究開発投資をして，燃費を向上させた車をその目標年に売りだすとすると，投資した分は回収しななくてはなりませんから，何がしか車の値段は上がっています．つまり課税や排出権割当を受けた場合と同じことが起きているはずです．

従来は，性能規制制度を受けた企業がほんとうに投資を行っているのかが不透明で，省エネルギー上の有意な効果があるのか否かもよく

わかっていなかったのですが，最近の研究で省エネルギー法の燃費基準や効率規制により企業が相応の投資を行い，効率改善による省エネルギー効果が出ていることがわかってきたため，税・課徴金と並ぶ投資制度と考えてよいというのが私の見解です．

〈計画規制制度〉

間接的誘導制度には，課税や規制などの不利益型と異なり，投資した企業に利益を与えるというタイプの制度があり，その一つに助成・支援型というものがあります．よく使われるのは計画規制制度と呼ばれる，民間において特定の設備投資や研究開発投資について投資計画をつくることを政府が義務づけて投資を誘導する制度です．多くの場合，計画の策定を義務づけると同時に，計画を実施するための投資に対して減税や低利融資などの財政的な支援を行うことがセットになっています．

一方，計画の内容の実施を怠り投資を行わずに放置した場合，多くの法制度では何らかの罰則が設けられています．たとえば，省エネルギー分野では設備投資に対する減税制度が行われていますが，それにもかかわらず提出した省エネルギー計画内容の実施を怠った場合，省エネルギー法では企業名を公表するという「社会罰」が設けられています．そういった意味では，当該制度は「助成支援型」と「不利益型」の両方の性質をもっていると考えられます．

〈減税・助成措置制度〉

減税・助成措置制度は，特定の設備投資や研究開発投資に対して補助金というかたちでの助成をするタイプです．ただし，日本の政府は現在財政再建が必要な状況なので，何の制約もないこの制度は，徐々に減少しつつあります．

● 投資制度の評価

これまでにあげた七つの制度というのは，どれぐらい制度の費用がかかっているか，確実に投資に結びつくのかなどのいろいろな側面から比較評価をすることができます．ここでは，概念上の比較評価に止めます．というのは，それぞれの制度は実際に使われるときには細部にわたる制度設計が必要であり，そうした制度設計を前提に規制の対象となった者がどういう行動をするかによって，理論的にはすばらしいといわれている制度であっても，実際にはまったく異なる結果になっていることがあるからです．

〈費用の確定性〉

費用の確定性という点では，計画規制型のものは投資を行うことと直接的には結びつかないため，不確定という評価になります．設備規制や性能規制型の場合，規制の内容によって火災報知器をつけるとか自動車の燃費を何％以上向上させるといった行為が義務づけられるため，それに必要な投資とその費用が事後的に確定します．つまり，性能基準規制の場合，義務づけられる技術内容の水準がどの程度なのかによって投資しなければならない費用の大きさが決まるわけです．

課税措置制度は，費用の確定性という意味では，何％の税率か，あるいは税額が幾らかということが決まれば，完全に確定します．税率や税額は国会で議論をされますから，その時点で費用は確定し税率・税額より高くつく投資は行われず安くなる投資だけが選択的に行われることになります．

排出権割当や総量規制制度などの量的規制制度というのは，おもしろい性質をもっており，費用がいくらかかるのかは，市況が変動してしまうので事前にはわかりません．費用がかかるのは確実なのですが，規制の枠が余って投資をしなくてもタダ同然で排出権が買える場合には，費用はほとんどゼロですが，投資を怠っていると高い排出権を買って費用が嵩む羽目になるという場合も生じます．

〈費用の妥当性〉

次に，投資費用の妥当性について考えます．計画規制や設備規制の場合には，投資の費用の妥当性は，国がどういう規制をするかに依存します．通常，あまり細かい基準を書き込んで制度をつくってしまうと，妥当性というのはどんどん失われていきます．ところが量的規制制度，排出権割当制度ですと，規制対象が基本的には市況と罰金額を見ながら自律的に妥当な投資額を選択するということになります．

性能規制制度では，たとえば燃費を何％向上させなさいという規制を受けた場合，どうやってその規制水準を達成するかは，投資の費用の妥当性を含めて規制を受けた会社が自律的に選択します．もしかすると，罰金が安ければ守らないで罰金を払うというケースもあるかもしれません．ここでいう罰金には直接的に国から課される罰金だけではなく，規制が未達であるとして国に企業名を公表され売上が減ったり取引を断られたりするという「社会罰」を含めての広義の罰金を考える必要があります．民間の計画規制制度でも同様に，罰金は広義の罰金を考えることになります．

〈効果の的確性〉

効果の的確性というのは，制度がどのように設計され運用されているかに密接に結びついた問題です．直接的規制ですと，国が何を決めたかによって効果が的確かどうかは決まってしまいます．規制がまちがっていれば弊害が出るだけで効果は出ません．たとえば，性能規制制度ですと省エネルギー法のトップランナー基準で燃費を何％上げなさい，という場合に規制対象の自動車の区分をどう設定するかによって効果の的確性が変わってしまいます．対照的な例がアメリカのCAFE規制（Corporate Average Fuel Economy）であり，トップランナー基準に比べて規制対象となる自動車の区分が非常に広いので区分のなかでの商品構成を変えるだけで，まったく投資をしなくても規制を達成できるということが起きます．一方で，量的規制制度や課税措

表5.1 投資に影響する政策制度の費用・効果

	費用確定	費用妥当	効果的確	効果確実
A. 直接的強制制度				
A-1. 政府計画規制	不確定	内容依存	内容依存	不確実
A-2. 民間設備規制	事後確定	内容依存	内容依存	確実
B. 間接的誘導制度 （不利益型）				
B-1. 量的規制制度	不確定	自律選択	自律選択	確実
B-2. 課税措置制度	事前確定	内容依存	自律選択	不確実
B-3. 性能規制制度	事後確定	自律選択	内容依存	確実
（助成・支援型）				
B-4. 民間計画規制	不確定	自律選択	自律選択	不確実
B-5. 減税・助成制度	事前確定	内容依存	内容依存	不確実

置制度については，どれぐらい効果が出るかはその規制の対象になった会社が自分で自律的に判断するため，長い目で見た場合，的確に投資がされて効果が出ると考えられます．

減税・助成措置制度についても，直接的規制と同様に国が何を対象としたかによって効果が的確かどうかは決まってしまう性質があります．たとえば，ハイブリッド自動車を買ったり太陽電池パネルを買ったら補助金をあげますという制度を組んだ場合，確かに，ハイブリッド自動車が売れたり，太陽電池が増えるかもしれないのですが，それが的確だったかどうかは政府がどのように補助金を最初に設定したかに依存してしまいます．政府が太陽電池をまったく無視して風力発電に投資をしたら補助金を出しますという制度を組んだ場合，風力だけ妙に伸びるのに太陽電池やバイオマスは量も増えず技術も進まないという結果が生じてしまうかも知れません．逆に再生可能エネルギーなら何でも支援しますというのは，ばらまきと受取られかねませんし，まず制度を組むのが大変です．

〈効果の確実性〉

最後は確実性ですが，総量規制制度においては，監視費用の問題を無視して考えれば，効果の確実性は非常に高いと考えられます．輸入の水際での規制や販売規制などの上流規制，企業の煙突や排水口での監視といった下流規制などの量的規制手法というものは従来からよく使われてきた手法です．性能規制制度についても同じような側面があります．しかし，課税措置制度では税額・税率によって効果が変わってしまう性質があり確実性は相対的に低いと考えられます．政府が設定した税額・税率が投資を誘発する水準より低ければ，企業は投資せず，税分を消費者に単純に転嫁したり利益を削って賄ってしまうかもしれません．実は総量規制制度でも，稀に誤って低すぎる罰金を設定したり社会罰を設けなかったりすると，同じことが起きる場合があります．

3. エネルギー環境問題と投資制度

ここでは，具体的に EU の排出権取引制度第 1 期，北欧の炭素税・環境税制度，日本の省エネルギー法トップランナー規制制度を例にとって，具体的に各制度がどのような効果をもったのか，どのような問題を起こしたのかという点についてより細かく見ていきたいと思います．

● EU 排出権取引制度

〈制度の概要〉

量的規制制度としてもっとも典型的で，多くの人から関心をもたれているのは EU の排出権取引制度だろうと思います．京都議定書の対象となる温室効果ガスには 6 種類がありますが，EU 排出権取引制度の第 1 期の対象となっているのは CO_2 の直接排出分だけです．たとえば，日本の環境省が毎年公表している部門別温室効果ガス排出量は，

間接排出法といい，発電や発熱で排出された量を末端で電気や熱を使った人の排出量として換算しているものです．これに対して直接排出法というのは「煙突主義」と呼ばれ，CO_2 を空気中に出したところが規制の対象になるということです．規制の対象になる設備は EU25 か国の大規模なエネルギー消費設備約1万基です．適用の対象になる設備が指定されており，発電・熱供給設備，石油製油所，鉄鋼，窯業・土石，紙パルプ，コークス製造などが規制の対象になっています．おもしろいのは規制から除外されている産業が存在することです．なぜ除外されているのかは，一般には説明されていません．除外されている産業のなかでもっとも大きいのは化学です．非鉄金属，食料品，ガス事業，移動発生源は適用除外になっています．したがって規制対象となった産業のなかで排出がもっとも大きいものは発電と鉄鋼であり，製鉄会社と電力会社が主として規制を受けたということになります．EU 排出権取引制度では，初期割当制度を採用しており EU 各加盟国が割当を行うことになっていますが，オークション，競売を併用できることになっています．ほとんどの場合は実績による無償割当が行われたということです．競売を併用する理由は新規参入者に対して割当を付与する余地を残したということになります．

しかしこれは理屈上の話であり，現在操業している企業は無償で初期割当を受けるのに対して，新しく参入する会社は競売でかなり高い値段で買わなくてはならないため，ほんとうにこれが新規参入による競争促進という意味で有効なのかというのは疑問です．

2008 年現在では1期と2期という2段階の規制が決まっており，第3期以降は未定でした．第1期というのは 2005 年から 2007 年でフェーズ1と呼ばれています．第2期，フェーズ2と呼ばれるのが 2008 年から 2012 年で，京都議定書の第1約束期間と同じ期間が設定されています．

規制対象が制度を守ったかどうかをどうやって判定しているのかについては，先述した約1万基の設備に対して，モニタリングを実

施して判断します．そのモニタリングは排出権の電子登録簿を整備し，その規制対象施設の間で排出権の保有量と排出量を申告させるシステムをつくりました．一部の国においては，第三者の認証を受けなさいという制度も導入されてはいますが，国によっては，エネルギー消費量から計算される排出量で申告するかたちに簡略化した国もあります．

仮に制度を守れなかった場合には，罰金があります．第1期は1 CO_2 トンあたり 40 ユーロが，第2期については 100 ユーロが課せられます．当然のことですが，仮に排出権の値段が1トンあたり 40 ユーロ以上になったら排出権を買うより罰金を払ったほうが安いので誰も排出権を買わないということが起こります．第1期については最初なので 40 ユーロと低めに設定されていますが，第2期については 100 ユーロに設定されています．罰金があまりにも低すぎるとだれも制度を守らず全員罰金を払うだけになってしまい大変困ったことになるので，それを防ぐために罰金を引き上げるという制度設計が行われています．

〈排出権取引の理論〉

EU 委員会がどのようなことを考えてこの制度を組んだのかについて説明をします．排出権取引制度で決めなければならないことは二つあります．図 5.4 を使って説明しますと横軸が排出量あるいはエネルギー消費量で，縦軸は価格です．当然，エネルギーの価格が高ければ需要が減りますし安ければ需要は増えるので需要曲線 D は右肩下がりのかたちになり，供給曲線 S はその逆になります．最初に政府は各施設ごとの割当量を決めるのですが，割当量は現状の排出量より少ない量になります．次に政府は罰金の水準を決める必要があります．第1期ですと 40 ユーロになっています．決められた割当量を超えてその会社がエネルギーを使って排出しようとすると，基本的には排出権を買い相応の金額を支払うか，それでも足りなかったら罰金を払うということになります．需給の交点が変動しながら排出量を調整する

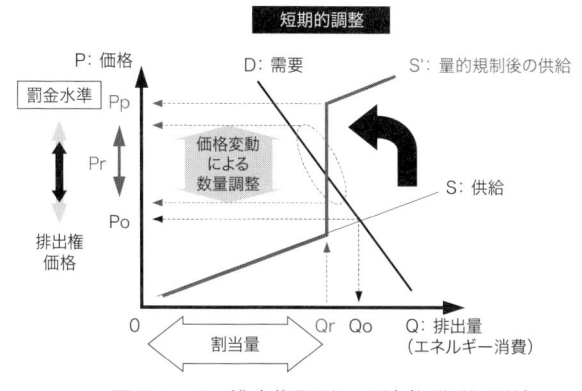

3. エネルギー環境問題と投資制度

図5.4 EU排出権取引の理論(短期的調整)

というのが排出権取引の理屈です.

短期的には,この価格の変動による数量調整が猛烈に働きます.つまり,非常に高い値段になって排出権を買おうと思っても買えないという場合が多ければ,規制対象となった企業はいやが応にも生産をあきらめるか,何か省エネ措置をとるような対応をとらなければならなくなります.逆に,排出権価格が安くて,いまのエネルギー価格の変動の水準と比べてあまり変わらなければ,別に大した措置をとる必要はないということになります.

長期となりますと,当然,かつての何もしない状態での需要曲線Dと比べれば,設備投資や研究開発投資によって需要が減っていますから,需要曲線Dは左へ移行していきます.これに伴って排出権価格が変動する幅が小さくなっていくわけです.最終的に完全に目標水準まで投資が進んだら,排出権の価格は収束し,その変動はほとんどゼロになるはずです.見方を変えれば,現在どれぐらい投資が進んでいるのかというのをマーケットの価格変動の幅や水準がだいたい教えてくれるのが排出権取引制度のおもしろいところです.投資をいつまでも怠ったまま排出権割当が慢性的に不足した状態で経営していれば,

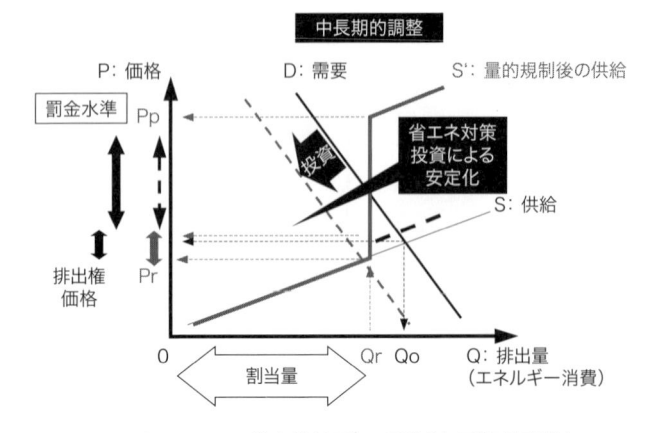

164 ■ 第5講　エネルギー環境問題と投資制度設計

図5.5　EU 排出権取引の理論(中長期的調整)

　当然, 高い値段の排出権をずっと買う羽目になるので, 規制対象となった企業は排出権の値段如何によって自分も投資をするか投資せずに排出権を買うといういずれかを選ぶことになり, したがってこれは投資を誘導する措置になるというのが EU 委員会の考え方です.

　しかしこの排出権取引制度が投資を適切に誘導する制度として機能するためには幾つかの条件があります. 仮にあまりにも罰金が低ければ, 投資をするのはばかばかしいので, だれも投資をしないということになってしまいますし, 逆に, 高すぎると, 最初のうちは値段の変動がものすごく大きくなってしまい投資を正しく誘導しないという問題を起こします. 最初のうちからあまりにも高い値段の罰金が設定されていると, 値幅制限のない金融市場と同じで, マーケットにおいてはボラティリティーの過剰という問題を引き起こします. 値段があまりにも急激に変わると, それは投資の指標にならず, 日常的にある範囲内の価格変動で自律的に需給が決まっているときに, マーケットの価格が初めて投資の指標として機能するのです.

3. エネルギー環境問題と投資制度 ■ 165

〈失敗の原因〉

EU の排出権取引制度の排出権 1CO_2 トンあたりの価格の推移は，最初，たった 5 ユーロで始まりましたが，あっという間に，罰金の 40 ユーロ水準寸前まで高騰し，そのまま高どまりして，2006 年 4 月に急激に落ちました．要するに，値段がめちゃくちゃに振れてしまったのです．自律安定的に値段が形成されて，値段の変動がある範囲内におさまれば投資の尺度になるという話をしましたが，そういう面で見るとこれは大失敗でした．

なぜ急激に落ちてしまったのかというと，2006 年 4 月に 2005 年の排出実績値が公表になり，第 1 期の 2005 年から 2007 年の排出権が実は余っているということがわかってしまったので，だれも買わないという当たり前の現象が起きたのです．

第 1 期だけならいいのですが，当然市況商品というのはどれも連動性があり，第 1 期の排出権の値段が落ちるにつれて第 2 期の値段も下落しました．2008 年から 12 年にいくら割り当てられるかというのはまだ決まってもいないし，実施もされていない完全な先物なのですが，値段が変動してしまったわけです．先物というのはものすごい安定力をもち，いろいろな一時的な変動を緩和する防御力をもっているはずなのに，その価格が連動して変わるという珍事が起きてしまいました．

そもそも，EU 排出権取引制度の第 1 期の発電所や製鉄所の排出がどうなっていたかというのを統計から計算してみたのですが，製造業と発電部門とエネルギー産業の排出量を EU25 か国についてすべて足し上げてみると，実は 90 年水準を 10% 以上下回っているのです．ですから，もし EU 委員会が 90 年比 95% を全部の施設に割り当てたら，価格はゼロだったのですが，それが理解できていなかったのです．EU 委員会の割当量がものすごく小さく目標達成が厳しいとマーケットの人々は予想しました．ところが実際ふたをあけてみて 2005 年の実績値がわかると，割当量はとても多かったのです．90 年比の

ほとんど全量に匹敵するような量を各国が割り当ててしまっており実はタダ同然で排出権が買えたということがわかり値段が暴落したというのがこのEU排出権取引の第1期の結論です．

結局，各国政府の割当措置が不適切だったというのが暴落の主因になりました．排出権取引制度というのは，基本的には，初期割当が終われば民間のマーケットによって自律的に価格が形成され，投資が進めばボラティリティーが下がって排出権の値段は安くなり，調整がスムーズに進むという優れた性質をもっています．ところが，実際は理論と違って，政府が不完全で不透明な初期割当で民間の予想からかけ離れた運用をしたために，本来排出権取引制度がもっている優れた性質がまったく活かされなかったというのが，EU排出権取引制度の第1期の教訓です．

● 炭素税・環境税制度
〈制度の概要〉

北欧諸国の炭素税・環境税制度は課税措置制度の典型的な例です．90年代の序盤に主に北欧諸国で導入が始まりました．最初はオランダとフィンランド，ノルウェー，スウェーデン，デンマークと続き，一旦導入が下火になります．京都議定書が1997年に成立しましたので，その後，EU委員会で統一炭素税構想と称してEU域内一律で炭素税をかけようという議論がありましたが，フランスで，それは中小企業の経営の自由に反するという違憲判決が出て，頓挫しました．イギリスだけが気候変動税 (Climate Change Levy) を導入しましたが，残りのほとんどの国はEU排出権取引制度に順次移行したという経緯です．

実は，イギリスの気候変動税については，課税標準を下回る排出量の人はその課税標準より下の排出量のぶんを排出権取引で売ってよいし，排出量が超過して税金がかかりそうな人は，それを買って税金を節税してよろしいという大変おもしろい制度になっています．しかし

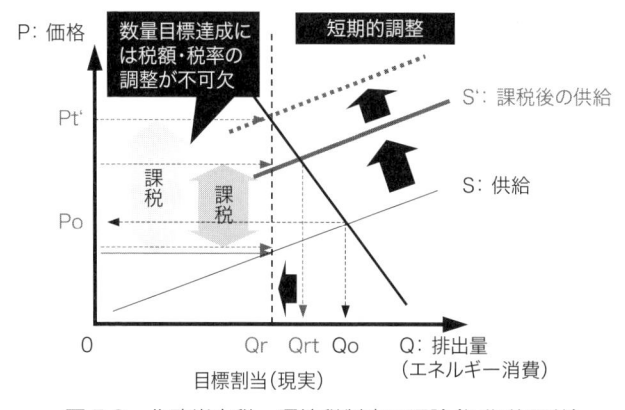

3. エネルギー環境問題と投資制度 ■ *167*

図 5.6 北欧炭素税・環境税制度の理論(短期的調整)

聞くところではあまり使われていないそうです．

〈炭素税の理論〉

　排出権取引の場合と同じように需要と供給があったとして，炭素税が賦課されると供給が一律に値上がりし価格効果が生じると考えられます．エネルギーの値段が高くなれば企業が節約による省エネ行動をとる，あるいはもしかしたら生産量を落とすかもしれないというのが理屈です．しかし，税率・税額の設定が不適切であると税収が上がるだけで排出削減目標を達成できなかったり過剰達成になってしまうので，税率・税額を頻繁に調整をして，目標を達成するように政府はコントロールしなければいけません．排出権取引の場合は，そのコントロールをマーケットが実施するわけですが，税の場合には政府が調整することになります．さらに，中長期的に見た場合は，仮に政府が目標を達成する水準の税率・税額をかけていた場合であっても，投資が進むにつれて民間の行動や反応は変わってしまいますから，当然未達になったり過達になったりします．したがって,仮に税制が効果を持って投資による排出削減が進んできたのならば，投資の進展に応じて政

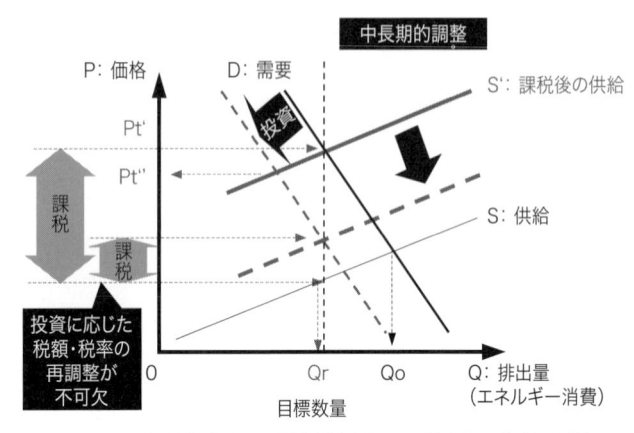

図5.7 北欧炭素税・環境税制度の理論（中長期的調整）

府は税率・税額を頻繁に調整して目標が正しく達成されるように措置しなければならないわけです．これを怠ると，目標が未達になったり国内経済に目標以上の余計な賦課をかけて徴税していることになってしまいます．

〈炭素税の現実〉

したがって，炭素税の制度を見るうえではどれぐらいの税率・税額がどう賦課されていたのかが重要です．実は，各国とも税率・税額を何回か調整していますが，排出目標達成のための調整として税率・税額を変更したのではなかったのです．1 CO_2 トンあたりだいたい7,000円から最大7万円までの税が課されていますが，産業用，輸送用，家庭用で税率はすべて違う国が多いというのが現実です．環境経済学の講学上の環境税の長所というのは，税率にしたがって限界費用が均整化されるような税を政府が選んで調整を続けた場合に完全な分配が達成されるというものですが，現実の北欧諸国では部門ごとにばらばらの税率が選択され，しかも，毎年変動させずに固定的に賦課されたわけです．頻繁に税率・税額を調整しないと数量が調整できない

というのが実は税の欠陥なのですが，ほとんどの国がそれを補う措置を行っていません．そのうえ，政治的理由や国際競争力への配慮といったいろいろな理由から，北欧諸国の炭素税にはものすごくたくさんの例外措置が設けられています．

オランダは，天然ガスの大口利用に対し半分軽減という措置がとられ，国内産業に配慮しています．フィンランドは，産業用電力に4割軽減という措置がとられています．フィンランドは隣がロシアなので，ロシアから電力を輸入すれば安くなるし，ロシアから炭素税がかかっていない電力でつくられた製品や中間財を輸入されたら困るので，軽減せざるをえなかったというわけです．あるいは，ノルウェーでは，石油精製は免税，あるいは紙パや水産では半分還付という措置がとられています．ノルウェーは石油精製という点でもヨーロッパ有数の石油製品の輸出国ですし，北欧有数の漁業国です．スウェーデンも産業は約半分に免税され，大口納税者については還付制度まであります．ほんとうに環境税と名前をつけてよいのかと個人的に疑問ですが，デンマークでは炭素税がガソリンに対して免税になっています．つまり，どの国においても均一な税制というものから程遠い税制が実施されているわけです．

北欧諸国というのは，行政の情報公開やオンブズマン制度など，行政学の世界では非常に進んだ先進地域といわれているのですが，それでもこれだけ例外があり，あまりうまく制度が運用されていないというのが実態です．

〈失敗の原因〉

北欧の炭素税・環境税制度が設けられたのはだいたい1990年の前半です．1 CO_2 トンあたり3万円もの税をかければ，普通は排出は減っていくはずですが，UNFCCCの統計で各国の排出量の推移を見ますと，たとえばノルウェーやオランダなどは一本調子で排出が増えています．唯一，減っているのはスウェーデンぐらいです．環境税・

炭素税と，うたってはいるのですが，どれぐらいまで投資を進めなければ排出目標が達成できないのかということを考えて税率を調整したり，仮に例外があったとしても，それを埋め合わせるような措置を政府が実施しなかったがために，排出量削減という面では北欧諸国においてはまったく成果が上がっていません．投資という面で見た場合には，税率・税額が固定されていれば，予見可能性があるわけですから，よい面もあります．しかしそれだけでは数量を管理できませんので，たとえば上がった税収で国がよそから排出権を買ってくる，あるいはEU排出権取引制度のもとに産業界にもう一度余計な負担をかけて参加してもらうなどの措置をとらない限りは，そのままでは京都議定書のような数量の調節はできないわけです．

しかも，仮に税制で民間の投資が進んでいるということであれば，ほんとうは課税額や課税率の下方調整が必要なはずです．仮に完全な税が掛かっているのであれば，時間とともに投資が進んで，民間企業が正しく反応して排出量は目標を割っていくはずです．ところが，北欧諸国において排出量が目標を割った形跡もないし，税額が減税されたという話も聞きません．つまり，北欧諸国で実施されている税は環境の名前をかりた財源税というふうにしか考えられません．

● 性能規則制度
〈制度の概要〉

性能規制制度の代表例は，日本の省エネルギー法に基づく「トップランナー方式」による自動車の燃費規制や家電製品の効率規制です．家庭用電気機器やOA機器，それからガス・石油機器や自動車について，その燃費の向上やエネルギー効率の向上を法律に基づいて製造者や輸入者に義務づけるという制度です．現在の規制対象としては，乗用車，軽量貨物車，エアコン，冷蔵庫，テレビ，家電製品一般，それからパソコン，ハードディスク，複写機といったOA機器が規制の対象になっています．なぜトップランナー制度と呼ばれるかというと，

3. エネルギー環境問題と投資制度

ある規制の開始時点において，すでに市販されている同種の製品のうちエネルギー効率のもっとも高い製品をトップランナー製品と呼び，当該トップランナー製品のエネルギー効率まで各社製品の平均エネルギー効率を目標年度までに引き上げる方法で規制しているからです．

わかりやすくいえば，「A社がつくってすでに市販している製品があるのだから，あなたの会社でも達成できるはずです」というのがこの考え方です．行政の裁量で無茶な目標を決めるわけではなく，また甘すぎる基準を設定しないように，事実としてすでに売っている高性能製品の水準まではすべての会社に努力を義務づける，という考え方に基づいています．その製品が基準になるからといって決して楽な規制というわけではなく，規制の対象は出荷した製品の総平均値なので，当然，エネルギー効率が当該水準を上回る製品がなければ基準を達成できないので，研究開発投資や設備投資が必要になるわけです．

目標の年次は関係業界と政府の間の交渉事項になっており，それぞれ審議会において議論をしたうえで合意を形成するようになっています．

遵守の判定ですが，規制対象製品を製造している会社と輸入している会社の別に，国内出荷台数で加重調和平均したエネルギー効率が，目標として設定された基準年のトップランナー製品の効率を超えていること，というのが判断基準です．

この制度には罰金はありませんが，罰金がないかわりに経済産業大臣による勧告が行われ，燃費の向上計画なり家電製品の効率改善計画を提出しなかったら，企業名を公表され，最終的に，措置命令を受けます．罰金はないのですが，省エネルギー法不遵守で企業名を公表されたとなると，製品が売れないという社会罰を受けることになります．とくに，エネルギーについてのユーザーの目が厳しい冷蔵庫やエアコンなどの家電製品の場合，家電量販店がさっさと店頭から撤去してしまいますから「出荷停止」といわれたに等しい強烈な社会罰が待っています．省エネルギー法では過去何十製品で何回も規制が行われ，合計

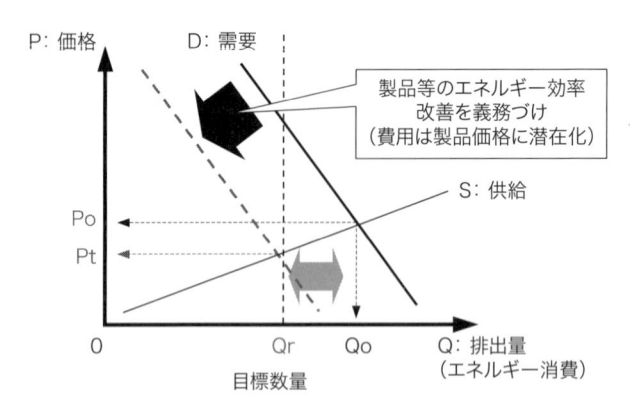

172 ■ 第5講　エネルギー環境問題と投資制度設計

図 5.8　性能規制制度としての省エネ法制度の理論

でいうと何千社という会社が規制対象になっていますが，調査の結果では，不遵守の例はいままでなかったと聞いています．

〈性能規制制度の理論〉

性能規制制度では，自動車や家電製品などのエネルギー消費機器をつくる会社に対してエネルギー効率の向上を義務づけるので，規制の対応にかかった費用はエネルギーのマーケットではなく製品のマーケットのほうで製品価格に転嫁されます．したがって，エネルギーのマーケットから見た場合には，何か知らぬ間に需要が減り，排出量が減ってきたということだけが観察されるはずです．当然ですが，税制と同じように，目標に未達の場合，たとえば，規制を1回実施したがあまり排出量が減らず目標に全然足りないというときには，当然，規制水準を強化するなどのコントロールが必要です．経済成長率や乗用車の販売台数やエアコンの使用頻度などある計算上の基準を細かく想定したモデルで計算して規制の効果を評価するのですが，この予測は完全ではありませんから，排出削減の目標達成のためには定期的に制度を見直すことが必要です．

これまで省エネルギー法のトップランナー制度の費用対効果の評価

表 5.2 各種トップランナー規制による費用対効果（戒能推計）

機器	目標年	追加費用*	直接便益*	省 CO_2 量**	費用対効果***
冷蔵庫	04	190	807	8.8	▲28,800
ガソリン車(第1次)	10	415	1,076	18.2	▲24,100
エアコン	04, 07	291	637	6.0	▲10,200
ガソリン車(第2次)	15	607	654	6.3	+12,700
温水便座	06	55	60	0.5	+20,800
テレビ	03	281	239	2.4	+31,300
電子レンジ	08	51	15	0.1	+209,500

＊10億円＠95実質　＊＊Mt-CO_2/y　＊＊＊¥/tCO_2＠95年実質

は行われてこなかったのですが，いろいろな先生の力を借りて私の研究室で研究を進めた結果，トップランナー制度というのは実は投資を促進する優れた経済制度の一つであったということがわかってきつつあります．

社会情勢の変化や高齢化の影響を考慮したうえでも，トップランナー制度によって非常に大きな効果が期待でき，かつ費用対効果が優れているということがわかってきました．たとえば自動車の出荷台数で見た自動車産業の設備投資や研究開発投資を時系列にとると，明らかにトップランナー規制がかけられたところで投資水準が上がっていることがわかります．もちろん，一部は2002年ごろから議論されている自動車のリサイクル法関連の投資も入っているのかもしれませんが，全体として見た場合明らかに因果性を持って，トップランナー制度の燃費規制がかかった後は設備投資額も研究開発投資額も上がっているようです．

表5.2がトップランナー制度の追加的費用であり，製品の値段がどれぐらい上がったかを10億円単位で表示しています．

ガソリン乗用車の第1次トップランナー規制というのは2010年を目標に行われたのですが，これの対象となっているガソリン乗用車の値段の値上がりぶんだけを取り出してみると，95年価格でいうと，

4,150億円ぐらい値上がりしています．しかし，燃費が向上したことによってガソリン代が節約されているので，実は差引き1兆円もの便益が出ています．しかも，それで1,800万トン CO_2 が減っているので，費用対効果が実は負であり，規制をすることによって経済効率が上がり環境負荷も下がったということになります．ではトップランナー制度を進めたら経済効率も環境負荷も両立するのかといえば，そうではなく，京都議定書の批准の後，2015年を目標にした第2次トップランナー規制というのが行われましたが，これは費用対効果を計算すると正であり，1 CO_2 トンあたり1万2,700円の経済的負担をかけて環境負荷を下げていることになると評価されました．また，あまりうまくいっていない規制もあります．たとえば，電子レンジの場合総額で500億円ぐらい電子レンジの本体価格が値上がりしていますが，節減された電気代というのは150億円ぐらいにしかならないので，費用対効果から計算すると1 CO_2 トンあたり20万9,500円もかかっているという計算になります．これは現在わかっている最悪の例ですが，いくつかのものは，どう考えてもこの水準まで規制する必要はないのではないかという規制も行われていることがわかってきました．

〈市場の失敗〉

この分析から得られた結論が大変おもしろくて，冷蔵庫やガソリン乗用車などの多くの機器で推定された費用対効果は負であったということです．つまり，情報の不完全性などいろいろな説明はできますが，利益が上がるにもかかわらず投資がされていなかったのです．わざわざ政府に規制というかたちで強制されなければ，燃費は上がらなかったし，家電の効率は上がっていなかったので，結局，消費者にせよ企業にせよ，効率だけを基準に行動しているわけではなく，適正な投資水準を確実に選択できるかというと必ずしもそうとは限らない場合が多いということです．古典的な経済学の言葉を使うと「市場の失敗」の

存在が具体的に証明されたといえます．ガソリン車の分析でも，大変おもしろいことがわかっており，省エネルギー法の燃費規制は何回か行われ，オイルショック直後の第1次規制と呼ばれる規制ではガソリン車の燃費が急激に上がっているのですが，その規制が終わった後，85年から96年までの間では，唯一，小型車だけ横ばいなのですが，燃費は一律に悪くなっており，総平均した日本のガソリン乗用車の平均燃費は一斉に下落しました．ところが，ここで思い出していただきたいのは，日本のガソリン税というのは世界でもっとも高い水準の税がかかっているわけで，燃料課税ないし炭素課税で消費者が行動するということだとすると，この間，ガソリン税の税率は安すぎたということになり，トップランナー制度がなければガソリン税の税率をどんどん上げていなければならなかったという結果になっています．

したがって，税制が措置されているにもかかわらず，トップランナー制度で規制をするまでの間は消費者の選択によって燃費の悪いものがむしろ選ばれ続ける傾向があって，規制をされて初めて効率が改善するということが2回も繰り返されたのです．一般には，政府による直接的規制は「悪」であるといわれていますが，明らかに「市場の失敗」が存在している場合においては，制度によってはそれほどに悪くないものも存在するということです．

〈政府の失敗〉
一方，「市場の失敗」があるからといって「必ず性能規制はよいのだ」などという考え方は間違いです．すでにトップランナー制度による規制が行われている機器に対して追加的に規制を行った場合，費用対効果は強烈に落ちることがわかっています．考えてみれば当たり前で，エネルギーに対してあまり配慮していない製品は，普通は改善の余地が非常に大きいですから，それ程費用をかけなくても改善できます．しかし一度技術者が正しく見直して再設計された製品に対して再度追加的に規制をかけた場合，打てる対策が限られてきますから，費用対

効果は非常に悪くなるわけです．政府が規制対象や内容の妥当性を理解しない，あるいはできない状態で規制を行わざるをえない場合，著しく費用の効果の低い製品が規制対象に選ばれる場合があります．たとえば，電子レンジで1 CO_2 トンあたり20万円もかかった計算になるという話をしましたが，政府も全知全能であるわけがなく，失敗をすることがあるということです．

〈性能規制制度の問題点〉

思い出していただきたいのは，企業の投資というのは，個別の投資案件を現在価値に換算された投資収益がゼロになる利子率の順に投資を順次並べておいて，ある長期金利の水準なり主観的な割引率が与えられたら，両者の交点までが投資されるというのが基本的な理論だったわけですが，実はそこに二つの問題が存在しています．一つ目の問題は「市場の失敗」であり，ガソリン車の燃費の例でいえば，政府がわざわざ燃費の規制をしなくても，消費者がガソリン代を考えてガソリン車の燃費が高いものを選択して企業側がそれにこたえた製品づくりをしていたのならば，適正な投資は行われていたはずなのに，現実には燃費の悪い自動車が売れて投資が過小な水準でずっと推移していたという問題です．

もう一つの問題が「政府の失敗」であって，もっと費用対効果のよいものが存在するにもかかわらず，なぜか費用対効果の非常に悪い電子レンジのようなものを血道を上げて政府が規制をしてしまうという問題です．この問題は性能規制制度の場合にもっとも顕著ですが，しかし税制であってもどのような軽減措置や例外措置を設けるかによって同様の問題が生じますし，排出権取引制度でも規制対象となる産業や設備を選択する場合には同じことになります．したがって，この二つの失敗に対してどう対処するのかということを正しく評価しないで，制度のこれがよい，どれがよいなどという取捨選択の問題を論じるのは，根本的に誤っているというのが私の考えです．

4. 投資制度設計をめぐる問題

● EU 排出権取引制度再考

　本来，排出権取引制度は政府の初期割当に多少の問題があったとしても，価格変動による短期調整と中長期の投資の調整が機能して合理的に削減が進められるという制度でした．ところが，EU 排出権取引制度第 1 期が産官ともに認める大失敗だった理由は，あまりにも不完全で不透明な初期割当を各国政府が実施したために，市場の調整機能は機能しないままに終わり，企業に対して正しい投資シグナルを与えられなかったことです．理屈上はもっとも効率が高いとされる制度なのに，ほとんど投資の面からは意味をもたなかったことを関係者が公言するような状態になってしまったのです．

　長い目で見れば，ある程度省エネ投資が進んできたら，価格変動の抑制が効いてきて，排出権の値段が意味もなく変動して投資尺度にならないということは防げるはずです．排出権取引制度自身には投資判断の尺度となる価格を形成する機能はあるのですが，価格の変動を抑制するという機能はもっていないのです．かなり自由化の進んだマーケットである為替の世界でも急激な円高などを抑制し緩和するための日銀の為替介入などが行われたり，ほとんどの商品取引所にはストップ高，ストップ安と呼ばれる価格の変動幅を抑制するための補助制度がつくられてたりしています．ところが，この EU の排出権取引制度はそれが十分でなく，放任したまま制度を強行した結果，失敗するべくして失敗した感があります．

　したがって，排出権取引制度を正しく起動させて理論どおりの性能を発揮させようというのならば，もっと長い練習期間をおいて，価格変動をある程度抑制する補助制度を用いたうえで投資尺度として機能させることが必要です．

　初期割当が不適切であったことというのが EU 委員会自身の失敗の分析なのですが，第 1 期の反省に基づいて初期割当を競売に変えて

いくことはすでに決定されています．罰金水準の妥当性や，遵守期間の設定の妥当性についても現在議論が進められているところです．

また，排出権取引制度だけに固執するのをやめて，ほかの制度と併用することも考え方としてはありえます．たとえば，イギリスの気候変動税がその具体的な例で，税率が安全弁となり，当該税率までの価格ならば排出権取引が行われるという制度なので，これには価格の変動幅に対する抑制が働き投資の予見性が高まるという効果があると考えられます．最初は低い税率で制度を起動させて，制度が成熟してくれば，税率を高く引上げることによって単純な排出権取引制度に移行することも可能です．

● 北欧炭素税・環境税制度再考

課税措置制度は，国が税率・税額を変えて調整を行うわけですから，当然，税率の変動というのは一定の期間ほとんどゼロになります．安定的な投資判断指標として，どれぐらい投資したらよいのかというのも企業は客観的にだいたい判断できます．しかし，税率・税額を長期にわたって固定的に運用してしまったり，例外措置をたくさん設けたりすると，炭素税や環境税が本来もっている調整機能が働かずに，単に税金が政府の手に集まるだけという結果になります．したがって，何かの方法で各時点での適切な課税水準を国が知り，毎年これを改定することによって，投資の判断指標として機能させることは可能であったはずです．しかし，ほとんどの国で，税金は法律で決めるということになっていますから，年に1回開かれる国会で年1回以上の改定というのは非常に困難です．仮に失敗なく税率・税額の調整を行おうとすると，ものすごく緻密な経済分析と定期的な制度改正があらかじめ予定されているような複雑な制度を組む必要があり，それが実現して初めて投資の判断指標として機能すると考えられます．そうでなければ，単に環境の名をかりて国が税金を徴収するだけの制度になってしまいます．

● 性能規制制度再考

　性能規制制度についてもこれまでみてきたとおり,「市場の失敗」が明らかで, 規制の内容が正しく設計されていれば有効な投資促進措置として機能するわけですが,「政府の失敗」の場合, 費用対効果があまりよくないものを政府が取り上げて規制の対象にしてしまい, 問題を生じることになります.

　性能規制制度の場合, どの製品をどれぐらいの厳しさで規制した場合に費用対効果が環境税や排出権の水準と同じぐらいになるのかということがある程度わかっていれば, 誤差があっても有効に投資促進措置として機能すると考えられます. 仮にそれがほんとうに可能で「全知全能の政府」が存在するのならば税制や排出権割当は必要ないわけですが, しかし, 考えるまでもなくそれは実現不可能です. 実際に, トップランナー制度において日本国政府が事前に審議会という組織で民間企業の意見や消費者の意見を聞いて, じっくり勉強したうえで慎重に基準を決めていますが, それでも失敗しているのですから, 不断の見直しというものは不可避であるというのが理解されます.

● 民間の組織能力から見た制度比較

　視点を変えて, 民間の組織能力という面から見た場合, 的確な投資に必要な情勢判断というのは大企業のほうが, 当然中小企業や個人よりも早く行えると考えられます. 普通, 大きな企業ですと調査部というのがあり, エネルギー価格の見通しや競合各社の投資水準, あるいは競争相手の製品の技術水準は常時分析していますから, 的確な投資の情勢判断についての能力は, 場合によっては政府より大企業, 民間のほうが上です. したがって, 大企業が関与するような設備投資あるいは研究開発投資については, 国が公的統計を使って2年おくれの情勢判断に基づいた税率・税額の設定や性能規制を行うよりも排出権取引制度などの量的規制制度を用いるほうが合理的な投資促進制度であると考えられます.

しかし，中小企業や個人を考えた場合には話は違います．彼らは，情報の非対称性に常時さらされており，政府ほどの調査能力ももっていない場合が多いでしょうし，競合各社の投資水準や技術水準を常時分析しているわけでもないはずです．したがって，中小企業や個人を対象とした投資促進の制度としては，課税措置や性能規制によって一律に投資を誘導したほうが合理的であると一般論としては考えられます．

● 監視費用から見た制度比較

また，遵守についての監視費用という問題があります．環境経済学を学ばれている方は自明の議論だと思われるかもしれませんが，一般的に，対象組織の数が多くなるにしたがって制度実施の監視費用は大きくなります．厳格な監視が必要な量的規制制度を中小企業を対象に行おうとしても，対象があまりに多くなると無理な場合があります．たとえば，一部上場企業の製造業の工場だけで日本国内に1万か所存在しており，中小企業まで広げた途端に製造業だけで60万，全業種では600万か所になってしまいますから，当然実効のある監視は簡単にはできません．したがって，厳格な監視が必要な量的規制制度をほんとうに実施しようと考えるのならば，EUがやったように，大企業や大規模な設備に限って対象とするか，あるいは燃料を輸入する水際で上流を対象とするかの2通りしかないわけです．中小企業や個人に対して量的規制制度をかけてモニタリングするといった場合，ものすごい監視費用がかかってしまうので，課税措置や性能規制制度のほうが一般論としては合理的だろうと考えられます．

● 理論と現実の境界

どのような制度であっても，政府というのはエネルギー環境問題などの単一の問題だけを考慮して制度設計を行うわけではなく，たとえば国際競争力や雇用保護，あるいは地域間・組織間の利害調整などと

いったさまざまな問題を内部に抱えながら調整を行い，制度設計を進めていくことになります．したがって，政府は必ずしもそれぞれの制度の理論特性を生かした制度設計や運用ができるとは限りません．これまでに説明したとおり，EU 委員会でも北欧諸国でも日本政府でも，さまざまな利害調整を背景に必ずしも適切ではない制度設計や運用を行ってこざるをえなかったわけです．あるいは，エネルギー環境問題自体のなかですらいろいろな調整があります．たとえば，自動車の燃費規制の基準の目標年をいつに設定するかという議論においては，大気汚染防止のためのディーゼル乗用車の長期排ガス規制の目標年度とどう調整するか，あるいはモデルチェンジについての十分な猶予期間を設定するかなどというようなかたちで，環境問題同士の間の調整が行われる場合があります．

したがって，各種の例外措置や調整による歪曲が入ることを前提に制度を検討しなければならない，というのが私の見解です．

「では具体的にどうしたらよいのか」ということですが，基本的には，「前進改正型」つまり，ある制度を導入して問題が予見される場合，随時予防的な対処措置をとり，いわば「実施しながら早めに少しずつ直していきましょう」ということを考えざるをえないということかと思います．

現行制度についての分析も評価も行わずに，何となく制度を運用して何か問題が起きるたびに弥縫策をやっているという状態では，問題が悪化して制度が運用に耐えられなくなって初めて改良が加えられるという後手に回るわけです．しかし常時，政策についての評価・分析を行い，問題が検出されたらその都度少しずつ直すということを繰り返していくのならば，税制であれ排出権取引制度であれ大きな問題を起こさずに目標を達成することは可能なはずです．もちろん，問題の種類や分野によって適した制度とそうでない制度というものは存在しますが，仮に政府部門の不完全性を前提とするならば，実はどの制度からスタートするのかはあまり大きな問題ではなく，途中で取捨選択

していけばよいわけです．

　何年か経過して取捨選択が行われた結果選択された制度というのが，その国の国情なり問題の内容に適合した制度ということになり，そうした経験の蓄積が新たな制度設計の有力な手掛かりになるはずです．

　結論は，政府というのは「転ばぬ先の杖」というものを最初から正しくつくることはできない，ということです．唯一できるのは，各時点で転んだ経験にしたがって逐次的，帰納的に制度の再設計や運用変更を行うことであり，いかに素早く学習し弾力的に制度の再設計や運用変更が行いうるかを考えるほうが現実的なのです．

　したがって，エネルギー環境制度に限らない問題ですが，このような弾力的な対応を可能とするためには，政府においては制度の政策評価や調査分析，あるいは再設計や運用変更を行うための情報収集・整理と人材能力の確保を進めていくべきです．

　いい方をかえれば，エネルギー環境問題において何の制度も導入しないで問題を「静観」して放置したり，既存制度に固執して弥縫策を続けていくことに人的資源を投入することは，長期的に見て明らかにまちがっているというのが私の見解です．

第6講

地球温暖化防止のための国内政策のあり方

鮎川 ゆりか

1. WWFの使命

　WWFとは，もともとはパンダやゾウ，トラなどの生物を守るという意味で，世界野生生物基金と呼んだのですが，これらの動物を保全するには地球全体の環境を保全していかないといけないというところから，世界自然保護基金と名前が改められました．40年以上の保全活動実績があり，世界最大の自然保護団体といわれています．WWFジャパンは1971年に設立され，3万5,000人のサポーターや企業によって支えられている団体です．WWFは，結果を重んじるために，非常に現実路線をとっています．

　NGOとはその理念を実現するために活動する団体で，社会にとっては，市民の声を代表して社会システムや企業行動をチェックする機能をもっています．気候変動の分野では，国際交渉における各国政府の交渉ポジションを見て，気候変動を防止するうえで最善の政策が決定されるように働きかけていく．国内においては，気候変動を十分防止できるような国内政策が導入され，国際交渉において積極的な貢献ができるよう働きかける．つまり，政府は国益のために，企業は企業益のために動いているのですが，環境NGOというのは環境益のために働く団体です．

　WWFの使命としては，地球環境の悪化を食いとめ，人類が自然と

調和していける未来を築くことにあります．とくに世界の生物多様性を守るということがまず第一にあり，再生可能な自然資源の持続可能な利用，つまり現在と未来のすべての人々が平等に自然資源を利用できるようにすることをめざし，環境汚染，浪費的な消費を減らして環境への負荷が少ない消費行動により環境負荷の最小化された社会をめざすということを三つの使命としています．

WWF には森林，淡水，海洋，化学物質，種の保全，気候変動の六つのプログラムがあります．気候変動プログラムでは，南北アメリカ，ヨーロッパ，ロシア，中国，インド，日本，アジア太平洋諸国など 30 か国，約 50 名からなるグローバルなチームが編成され，気候変動問題に世界規模で関わっています．

目標は，地球の平均気温の上昇を産業革命前から比べて 2°C 未満に抑え，危険な気候変動を防止することであり，活動内容としては，温暖化の生態系への影響などを調べて発表し，一般の人たちにその深刻性を警告したり，省エネを訴えたりします．対政府としては，国内対策への提言，ロビー活動および，京都議定書交渉，つまり国際交渉においてのロビー活動などです．

企業に対しては，企業とともに温室効果ガスを削減をするために，クライメート・セーバーズという企業との協定があります．また，日本では展開していなかったのですが，省エネや自然エネルギーの導入率を約束させるパワー・パイオニアという電力会社とのパートナーシップがあり，ほかにも企業といろいろな共同事業を実施して，削減活動に貢献しています．

2. 温暖化の脅威と緊急性

● **温暖化のスピード**

人類は文明の進化とともに，地球の海洋や淡水，森林，大地，生物，大気，鉱物資源など自然の豊かさを当たり前に使ってきました．これ

が自然の回復力，生産力の範囲内で行われていた時代までは持続可能でしたが，すでに自然の豊かさを使いすぎてしまっており，回復不能の分野がでてきています．気候変動問題の本質はここにあります．いま，大気や水を含めた地球の自然は，全人類にとっての公共財であることをもう一度私たちは思い返さねばならないときに来ています．それを警告しているのが地球温暖化あるいは気候変動ではないかと思います．

WWFは2年に1回ほどLiving Planet Report（生きている地球レポート）という報告書をだしています※．図6.1はそのなかの人類のエコロジカル・フットプリントの図で，縦軸が地球の数，1.0というのが地球1個分の自然資源を表します．どれぐらい自然資源を使っているかというと，1980年から90年の間に1個分以上になってしまい，現在は1.2個分に近い地球資源を使っている状態です．つまり，

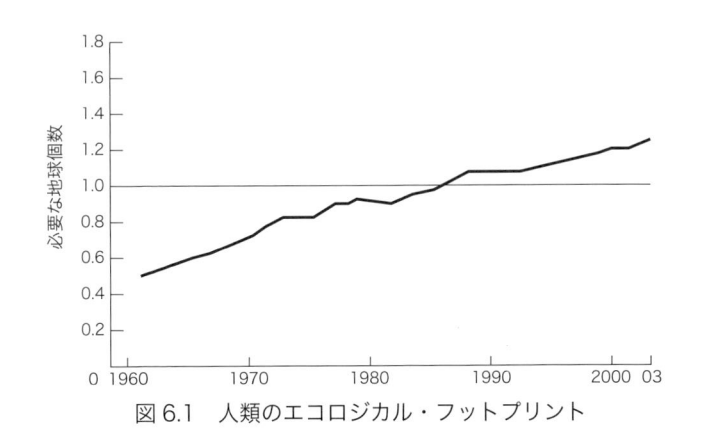

図6.1　人類のエコロジカル・フットプリント

※　Living Planet Report 最新版（2008年版）がWWFジャパンのホームページに掲載されている（http://www.wwf.or.jp/activity/wildlife/news/2008/20081029.htm）．ここでは2006年版を取り上げているため，図6.1，6.2，6.3のいずれもが，2006年版からの引用である．

※2　「排出量取引」は英語ではEmission Tradingであり，排出してよい「排出割当量」「排出枠」を取引することである．意味としては排出してよい権利

図6.2 生きている地球指数

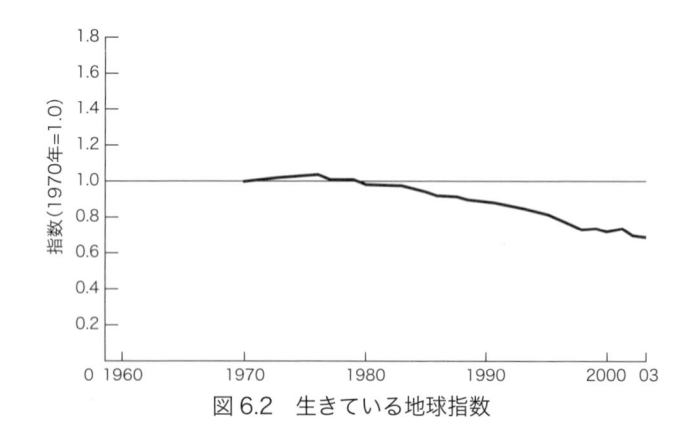

使いすぎている分，回復不能な環境破壊が起こっているということです．生きている地球指数，Living Planet Index（図6.2）というものもあり，これは，陸上，淡水，海洋における種の個体数の変化傾向をマッピングして算出しています．1970年を1とすると，急激に指数が減っている，つまり，種の個体数が減っているのです．

持続可能なレベルがどのあたりかを示すのが図6.3です．もっとも増えているのは化石燃料の使用による二酸化炭素（CO_2），その次に耕作地が増えています．これは人口が増えることによって必要な食べ物をつくっていることで増えています．CO_2が増え，人間の環境影響範囲がどんどん拡大しています．これを持続可能なレベルに抑えるにはどうしたらいいかということを考えなくてはいけないのです．

地球温暖化を研究する科学者が世界から3,000名以上集まって温暖化の科学・影響・緩和を研究している「気候変動に関する政府間パネル（IPCC）」から，2007年に第4次評価報告書が発表されました．

同報告書の第一の特徴は，温暖化は人間活動によるものだと断定したことです．そして，20世紀後半の北半球の平均気温は過去1300年のうちでもっとも高温で，最近の12年間のうち1996年以外の11年は1850年以降でもっとも暖かい12年の内に含まれると報告

図6.3 人間の環境影響範囲

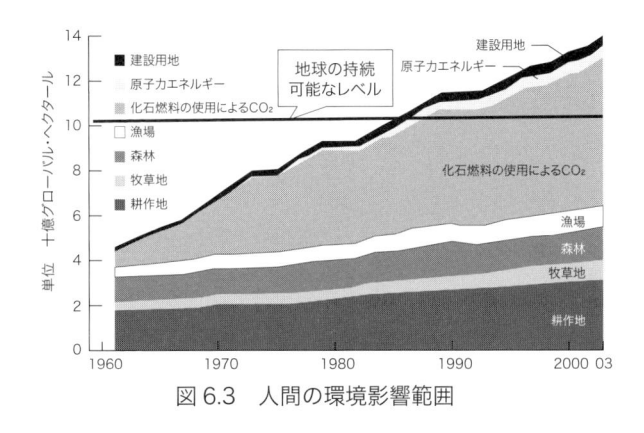

しました．過去100年の間に世界の平均気温は0.74℃上昇しています．この過去100年というのは，産業革命前に比べてということです．21世紀末までの海面上昇は18から59センチ，2030年までは，全球平均気温が10年あたり0.2℃ずつ上昇するだろうと指摘されました．つまり2030年には1.14℃まで上がってしまう，という世界に，私たちは現在おかれているのです．

ちなみに，植物が地球温暖化に適応できる，つまり種子を北へ北へと投げて北上していく．そういうことが10年間に0.05℃の気温上昇ならば可能で，適応できます．その0.05℃から比べると，0.2℃というのは4倍の速度です．この10年あたりの0.2℃上昇というのは非常にスピードが速いと考えられます．

● 温暖化の目撃者

この100年間の0.74℃という気温上昇の範囲で既に起きていることがたくさんあります．たとえば2003年に欧州では熱波が起きて，フランスなどでは1万人以上の人が亡くなり，2004年には，日本に台風が10個も上陸し，各地に大きな被害をもたらしました．そして2005年には，アメリカでハリケーン・カトリーナがニューオーリン

ズを直撃してたいへんな被害がでました．さらに 2006 年から 2007 年にかけて，オーストラリアでは大干ばつが起こるなど，異常気象が頻発しています．

　ヒマラヤの氷河の後退という問題もあります．氷河が融けて窪みに水がたまった氷河湖ができています．これは一見大きな湖のように見えますが，実は窪みに水がたまった一種の水たまりで，大雨や暴風雨が起きると決壊してしまうたいへん脆弱なものです．決壊してしまうと，ヒマラヤの標高何千メートルという高所から一挙に膨大な水量が落ちてきて，大洪水がその下に住んでいる人々の村を襲います．実際にその被害に遭ったヒマラヤのノルブ・シエルバさんという方が，日本で話をしてくださいました．これは「温暖化の目撃者」という WWF のプロジェクトで，実際に温暖化の被害を受けている人たちの生の声を聞こうというものです．

　彼は日本に来て，「この 20 年の間に多くの氷河が融け，氷河湖が巨大化している．1985 年に，その氷河湖が決壊したとき，自分は財産すべてを失ってしまった．近くの水力発電所や橋が流されたので，長い間食料や電気の供給が途絶えた．温暖化によりこうした氷河湖の決壊が起こる可能性は高くなっている．自分にはこういうことが起こらないように祈るしかない」といっていました．

　氷河湖が決壊して大洪水が起こり，さらにヒマラヤの氷河融解が今度は水不足をもたらすのです．ヒマラヤの氷河はアジアの七つの大河，ガンジスやインダス，メコン，黄河などの川に注いでおり，インド亜大陸と中国の人々の水需要を満たしています．氷河が急激に解けると，まず河川の流量が増え，広範囲で洪水が起きます．その後，数十年で河川の水位が下がってしまい，氷河の水がなくなっていきます．その結果，これら七つの大河を水源としている数百万の人々がいずれ水不足になるといわれています．

　別の目撃者は，フィジーのペニーナ・モーゼさんという方で，日本にお呼びしてお話を聞きました．フィジーでは海面上昇で海岸線が

浸食されて，魚類を遠く深いところまで行かないととれなくなったし，雨が降らなくなっています．こちらは干ばつなのです．「飲み水は雨を頼りにしているので，飲み水が不足している．水をためるタンクが各村に二つしかなくて足りない．これは最初，神の試練だと思っていたのですが，人間によるものだと知った．人間が原因なら人間が解決できるのではないかと思う」と涙ながらに語りました．

私たちは企業に寄付を募って，2基のタンクを寄贈しました．そういうことを適応といいますが，すでにとめられなくなっている温暖化に適応していかなくてはなりません．とくにこうした被害を既に受けている人たちには援助が必要です．

もう1人の目撃者，タンザニアのラジャブ・モハメド・ソセロさんという方は，「海面上昇で海岸線が200メートルも浸食されて，海岸にあったホテルや住宅が破壊された．やはり雨が降らなくて，飲み水が不足している．その結果，河口の水の塩分が増えて，魚もとれないし，穀物の生産も難しくなった．各国政府は温暖化を防ぐようにしてほしいし，私たちの村に起こっている事柄に対処できるよう支援してほしい」ということを述べました．

● 危険域に入った北極

IPCC第4次評価報告書のなかの今後の温暖化の影響についての部分では，工業化前からの気温上昇0.5℃以上で数億人が水不足の深刻化に直面すると書かれています．さらにサンゴの白化の増加，種の分布の範囲の変化，洪水や暴風雨の被害の増加，感染症媒介生物の分布変化，熱波とか洪水，干ばつによる罹病率と死亡率の増加，これらはすべて0.5℃以上で起こるとされています．しかし0.74℃上がっているわけですから，これらはすでに起きはじめていることなのです．さらに1.5℃以上になると，最大30%の種で絶滅のリスクの増加が起こり，ほとんどのサンゴが白化して死滅します．低緯度地域では穀物生産が低下し，3℃になるとサンゴは広範囲で死滅してしまいます．

サンゴは海の生態系を維持している，海のカナリアといわれています．サンゴに生息している生物は，魚類だけでなく，他にもさまざまな生物がいるのですが，そういう生物が，サンゴがなくなることによって生きていけなくなり，海の生態系に変化をおよぼすのです．つまり，サンゴが死滅するということは，海に変化をもたらすということです．

工業化前の温度比を2℃未満に抑えることが非常に重要になります．2℃を超えると，ヨーロッパでは38％，そして，オーストラリアでは72％の鳥類が絶滅するといわれています．つまり，渡り鳥の繁殖地，中継地，越冬地の環境が変わって，たとえば渡りの場所に行ってみると，季節が変化しており，本来ならばあるはずの木の実やエサが既にないというようなことが起こるのです．

2006年12月に，アメリカの国立大気研究センターが2040年の夏には，北極の氷がすべて解けてしまう可能性を予測しました．CO_2排出のペースがこのまま続くと，20年以内に北極の氷が解けるスピードが4倍に加速されます．北極や南極の極地方は，平均の気温上昇の2倍から4倍ぐらいの割合で極端に影響がでるのです．ですから，0.74℃といいましたが，それは平均なので，北極では2倍，3倍の，3℃，4℃と気温が上昇しているわけです．ですから，このままいくと，夏の氷が解けてしまいます．悪いことに，氷や雪は太陽の熱を反射する力がありますが，その氷が解けることによって，海水や陸地が，太陽の熱を吸収してしまうのです．そうすると，海や陸の温度が上がって，さらに周りの氷や雪を解かしていく相乗効果により，いっそう氷雪が解けていってしまうのです．

実際に，日本の海洋研究開発機構が，2007年の夏，北極海を探査して，海氷面積が観測史上最小になっていたことを確認したと発表しました．北極の人たちにとっては2℃の上昇でも高すぎるといっています．2℃の上昇というのは，北極の気温にしてみれば4℃〜6℃に相当します．北極では，温暖化は既に危険な域に入っています．イヌイットは氷や海に依存して暮らしてきた先住民ですが，いま，その生

活が脅かされてきています．つまり，イヌイットの文化や存続そのものが危機に瀕しているといえ，これは環境問題を超えた人権問題であると，イヌイット北極圏会議の元代表であるシェイラ・ワット・クロウティアさんは2004年のCOP10（気候変動枠組条約締約国会議第10回会合，COP：Conference of the Parties）で強く訴えました．

2005年1月，WWFは2℃の上昇でも高すぎるという報告を出しました．いろいろなシナリオを研究したマーク・ニューさんという方が，最短で2026年，そして遅くても2060年までに2℃を超えてしまうのではないかと推計しました．つまり，温暖化というのは，2100年や2200年といった，はるか遠い未来の話で私たちには関係ないと思っていたところへ，2026年に2℃を超えてしまうかもしれないというのです．つまり，若い方は必ず生きているし，私なども，もしかしたらまだ生きているかもしれないすぐ先の未来です．ですから，温暖化はすぐそこに来ているというふうに認識しなくてはいけません．

● 温暖化のシナリオ

その温暖化をどうやって緩和するかという部分がIPCC第4次評価報告書の最後の部分です．工業化以降，温室効果ガスの排出は大幅に増えて，1970年から2004年の間に70%増加しました．削減方法がいろいろあります．いまある技術でどのぐらい削減できるかと現場から推測するやり方がボトムアップ，そして，政府が何%削減すると決めて，それにむけて政策を打っていくトップダウンの両方の方法がありますが，たとえばEU-ETS（EU域内排出量取引制度）はトップダウンです．日本企業の自主行動計画のようなものはボトムアップです．両方とも，今後の排出量の増加を相殺，あるいは現状よりも下げる経済ポテンシャルがあることを示していると，この報告書はいっています．

安定化レベルを厳しくすればするほどGDPは減少するかもしれま

せんが，同時に炭素税をかけたり排出枠を売りだす——これは排出量取引※※をすることが前提なのですが——，これをオークションという方式ですすめれば歳入が入り，その歳入を低炭素技術開発に向ければ，削減コストは低くなります．また，削減政策により技術革新が進み，GDPが増えるとするモデルもあります．規制があることによって，さらに技術開発が進みGDPが増えるというポーター仮説という理論もあります．

さらに新規および既存の建物のエネルギー効率を上げると大幅にCO_2排出が削減できます．いま問題になっている業務や家庭部門の排出増加というのは，建物の断熱性をよくすることによって，かなりの部分を回避できるということをIPCCの報告書はとくに強調しています．建設部門では，2030年に予想される温室効果ガス排出量の約30%は回避可能で，経済的な便益をもたらすといっています．

温暖化の悪影響を最小限に抑えられる可能性はまだ残されています．IPCCの報告書では六つのシナリオがだされました．六つそれぞれが産業革命前からの全球平均気温上昇の幅を示し，そして，いつ排出のピークを迎えなくてはいけないか，これを実現するためには2050年までにCO_2排出を何%削減しなくてはいけないかというシナリオです．この気温上昇の幅を見ると，2°C未満がすでに入っていません．私たちとしては，この2°Cというところを限界値にして考えなくてはなりません．そのためには，排出量のピークを2015年までに迎えて，その後，大幅に減少方向にむかわせて，2050年までには全世界で50%〜85%の削減を実現しなくてはならないのです．

図6.4はそのグラフです．現在が30ギガトンだとします．いま，たとえ排出量をゼロにしたとしても，CO_2というのは大気中に長く

※※ 「排出量取引」は英語ではEmission Tradingであり，排出してよい「排出割当量」「排出枠」を取引することである．意味としては排出してよい権利＝排出権と同義であるが，第6講では敢えて「排出量」を使う．

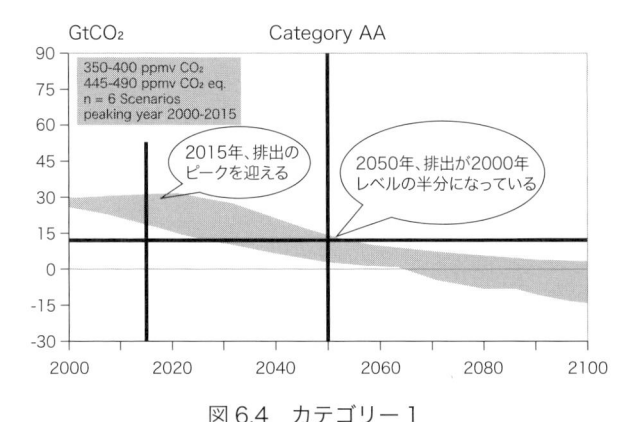

図 6.4　カテゴリー1
IPCC 第 4 次評価報告書（政策決定者向け要約）WG Ⅲ
の図 SPM.7 のカテゴリー 1 に著者加工

残りますから，その効果によって，気温はそのまま上昇します．ですから，いまから大幅削減政策をとらないと，ピークを早くに迎えられません．いまからそのような政策をとれば，ピークは 2015 年にきます．それによって，その先にようやく排出量を減少方向にむかわせることができます．2050 年には半減の 15 ギガトンになっています．いまから大幅な削減政策をとらなくてはいけないということが非常に重要です．

● **動きはじめたアメリカ**

　京都議定書は，世界平均で 5.2％削減することを義務づけていますが，それは先進国だけです．しかもアメリカは離脱してしまいましたし，日本はたったの 6％ の削減です．つまり，京都議定書は地球規模の削減のほんの第一歩なのですから，京都議定書以後の 2013 年以降の枠組みでは，世界規模の大幅削減が必要です．各国はもう既にそれを見込んで，たとえばイギリスなどは 2003 年の時点で，2050 年までに 60％ 削減すると宣言していますし【補足①】，EU は中期目標と

して 2020 年までに 20 〜 30% を削減することを掲げました【補足②】．日本は初めて 2007 年 5 月に，2050 年までに現状から半減させるということを安倍元首相が提唱しました．ただ，これはグローバルな目標で，日本が何 % にするかということには触れていません．ハイリゲンダムの G8 サミットがその後 6 月にあり，そのときに 2050 年までに半減ということでアメリカ以外の国は合意しました．しかし，いつからというベースラインについては合意できませんでした．日本は現状から，EU は 1990 年レベルからといっています．

アメリカのブッシュ大統領は，長期目標を定め，2013 年以降の取り組みについて，国連の場で決められるように議論をするといって，17 か国ぐらいの主要経済国会議を 2007 年 9 月に開きました．そして，第 2 回目の会議が，2008 年 1 月にホノルルで開かれました．アメリカの連邦議会は中間選挙で上院が民主党にとられ，2007 年に入って急速に動きが早くなりました．そして，10 個もの排出量取引を含む法案が提出されました．そのなかには，2050 年までにアメリカが最大で 80% 削減を掲げて，どうやってそこに至るかという目標値を，2040 年までにはここまで，2030 年まではここまで，2020 年まではここまでというふうに，かなり細かく制度設計して提案されています．

リーバーマン・ワーナー法案という米国内排出量取引を含む法案が 2007 年 11 月 11 日に上院の小委員会で可決され，12 月の段階で，上院にかけるということが決まりました．この法案も，2020 年には現状から 15%，2050 年には 70% 削減を掲げていますから，アメリカはかなり動き始めています【補足③】．

3. 日本の温暖化対策

● 京都議定書の数字

次に日本ではどうなっているのかの話です．日本の温室効果ガスの排出量はますます増えていって，減少方向に向かっていません．こ

の間，地球温暖化対策推進大綱や地球温暖化対策の推進に関する法律，京都議定書目標達成計画などが制定され，いろいろ対策は講じているのですが，まったく減少方向にむかっていないのが現状です．2005年の数字では，京都議定書の基準年の1990年から8%増えています（国立環境研究所温室効果ガスインベントリオフィス編「日本国温室効果ガスインベントリ報告書」(2007年5月29日発表)【補足④】）．2005年から見ると，2012年までに8.4%の削減が必要です．日本は6%のうち3.8%を森林による吸収量で確保することを目標としているのですが，この森林吸収源の3.8%も森林管理が不十分なため，確保できるか不確定要素となっています．京都メカニズム（共同実施：JI，クリーン開発メカニズム：CDM，排出量取引）で1.6%といっていますが，こちらも実現が困難といわれています．

　京都議定書の数字について解説しますと，この森林吸収源で3.8%というのは，「ボンの合意」といい，COP6.5のときに決まったものです．

　森林吸収源には永続性がない，山火事だとか木が古くなって排出源になってしまうことや，樹種や樹齢によって吸収量が違うということで，石炭や石油を1トン減らしたのと同じようには，確実な数字で吸収量をはかることはできません．だから，吸収量は不確実性があるといわれていたのですが，2000年にIPCCがスペシャルレポートを出し，そのような問題点について一つ一つ答えていきました．COP6までに概要を決めたのですが，そのルールによると，日本は0.1〜0.2%しか吸収できないことになっていました．それは，日本の森林が荒廃しているということと，新たに植林する余地がないということ，1990年以降の活動でなくてはいけないというようなことがあり，吸収量としては少ない量しか計算できないルールになっていたところに，COP6が開催されました．

　そのときに，アメリカとヨーロッパの間で数字がうまく合意されずに，COP6は決裂し，その後にブッシュ大統領が登場して，2001年3月にアメリカは離脱してしまいました．そういう危機的状況が起き

たために、EUとしては京都議定書を生かすために、日本の離脱の防止のために日本を優遇することにしました。日本にはアメリカの離脱について、アメリカはわがままだという国民的反発が強くありました。それで、京都議定書は批准するべきだという国会決議がその4月に衆議院も参議院も全会一致で通ったのです。それがベースになり、さらに小泉政権がちょうど誕生したところで、新しいことをやりたいという意思もあり、そのような背景のもとで、COP6.5が7月に開かれました。

そのとき、プロンク議長というCOP6の議長が提案したルールのなかに、日本だけ特別扱いするような、要するに省エネルギーが進んでいて、なおかつ土地の面積が少なくて人口が過密である国は特例として扱うという条項が入って、1,300万トン（当時の計算では3.9%に相当したが、現在は3.8%に相当）という膨大な吸収量を日本だけ特別にもらえたのです。ですから、京都メカニズムの1.6%を加えると結局、実際に削減しなくてはならない量は、その6%のうち0.6%なのです。ある意味で柔軟性をもって京都議定書を前に進めていこうという世界的な意思があり、それまでかなり強硬だった途上国も、アメリカなしでも京都議定書を進めたいと、COP6.5ではかなり妥協しました。そして、日本も3.8%がとれたからということで合意し、「ボンの合意」が成り立ったわけです。その時点で、日本はそれを受け入れたので、6%が不平等だということはいえない状況になったのです。

● **自主行動計画の限界**

では、なぜ日本では温室効果ガスの排出が増え続けているのでしょうか。それは自主行動計画に頼っているからです。何の規制もない政策がずっと続いていて、京都議定書目標達成計画（以後「目達計画」）が2005年にできて、それが2007年に見直されました。2006年の11月から合計30回以上会合が開かれ、議論されました。2007年4月には、その論点整理がなされましたが、排出量が増大しているにも

かかわらず，抜本的な政策を入れる予定はまったくないのです．自主行動計画の路線でやっていくということが論点整理で書かれており，結局そうなりました．これは極めて不十分といわざるをえません．

これは現行の目達計画の延長線上での追加対策しか考えていないということです．つまり，自主行動計画が，いままで日本経団連という経産省の管轄の産業部門だけでしたが，そのほかに，自治省や警察庁など，ほかの省庁の管轄であるさまざまな部門に拡大し，目標をもっていないところは自主的に目標を立てなさいというようなことになりました．削減行動のインセンティブを引きだす経済的手法は考えられていないことが最大の問題です．

自主行動計画がなぜ問題かというと，目標達成ができなかった場合の責任の所在が不明です．ほとんどが原単位目標で，生産高，売上高が増えるにつれ排出量が増えることを抑えられません．目標を何年も達成しているところがあり，目標を引き上げても実績以下のところがあるなど，目標の妥当性，つまり，どれぐらい努力しなくてはいけないかというレベルを評価する手法がありません．目標を達成しているところは評価され，目標を引き上げるとさらに評価されるのですが，自主行動では達成できる目標しか掲げないために，大幅削減はできないのです．

それを見て政府も不満に思い，2007年秋にかけて政府が音頭をとり，各業界に目標を引き上げるよう求めました．それによって18業種が目標を引き上げ，「産業界2,000万トン追加削減」とか「削減深堀」などと報道されましたが，そのうち11業種の新目標は，既に2006年度に達成している目標でした．すでに達成している目標を新目標にしたのですからそれは深堀とはいえません．これが自主行動計画の限界かと思われます．

● **日本の問題点を探る**

実際の日本の排出量の内訳について見てみましょう．図6.5は直接

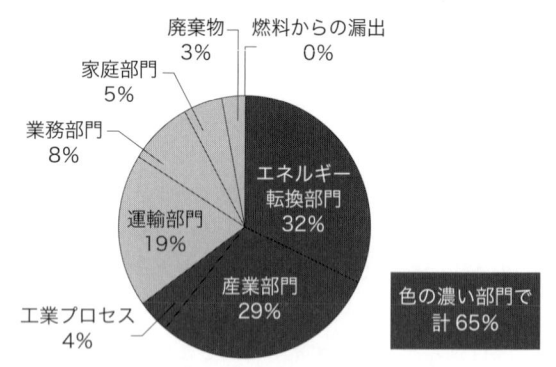

図 6.5　日本のCO_2総排出量の内訳（直接）
国立環境研究所温室効果ガスインベントリオフィスの
データを元にWWFジャパン作成

排出量という，実際に化石燃料を燃やしている部分での数字です．エネルギー転換部門というのが発電部門です．それと産業部門と工業プロセスというところだけで65%も排出しているのです．問題だとされている家庭部門や業務部門などは，合計しても13%にすぎません．これを見て，どこを削減するべきかは明らかです．大規模排出部門の削減を行わないと，大幅削減はできません．

　実際に，1990年から2005年の排出量を比べると，確かに産業部門は減っており，運輸部門や業務部門，家庭部門は増えています．それでも，総量としては，やはり産業部門の排出が断トツで多いのです．産業部門が減っている大きな理由の一つは，90年代は，経済が少し停滞していたので，活動量が少なかったことです．旅客部門や運輸，業務，家庭は，この活動量がものすごく増えていますが，これは，たとえばオフィスビルの面積が増えたり，パソコンが普及したり，電化製品が普及したりしたためです．家庭も同様で，世帯数が増えて，各家庭に電化製品が増えたことで，活動量に応じてやはりCO_2は増えます．これはつまり，製造業からサービス業へと経済の構造変化が起きたということを表しています．

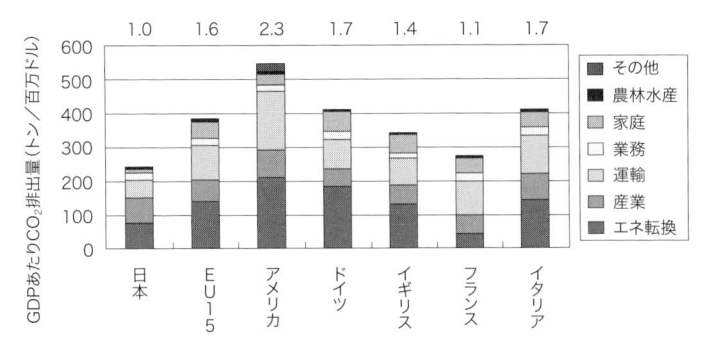

図6.6　GDPあたりCO_2排出量の国際比較（為替レート，2004年）
日本・EU・アメリカが国連気候変動枠組条約に提出した温室効果ガス排出目録（CO_2排出量），IEA Energy Balances of OECD Countries 2003-2004 (GDP)よりWWFジャパン・気候ネットワーク作成

エネルギー効率は日本が世界一かというと，70年代は確かに，世界トップです．ずっと90年ぐらいまでトップだったのですが，徐々にほかの国も追いついてきており，2004年の時点でイギリスには追い越され，ほかの国も追いついています．だから，日本はエネルギー効率世界一だと威張ってはいられません．

製造業を見ると，70年代から90年までは，順調に省エネをして下げてきました．しかし90年以降は，活動量があまり増えていないにもかかわらず，効率が悪くなっています．

GDPあたりのCO_2排出量の国際比較というデータがあります（図6.6）．日本が少ないのは，同じ換算レートで計算しているからです．ほかの国に比べて少ないのは家庭部門，それから運輸部門です．発電部門は確かに少ないですが，産業部門はかなり多いです．

日本は住宅が欧米に比べると小さかったり，セントラルヒーティングにしていなかったり，満員電車に揺られて通勤しているなど公共交通が発達しているといった理由で少なくなっています．これを実際

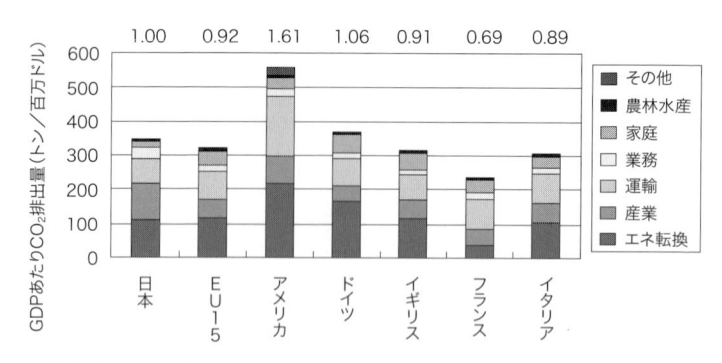

200 ■ 第6講　地球温暖化のための国内政策のあり方

図6.7　GDPあたりCO₂排出量の国際比較（購買力平価, 2004年）
日本・EU・アメリカが国連気候変動枠組条約に提出した温室効果ガス排出目録（CO₂排出量），IEA Energy Balances of OECD Countries 2003-2004（GDP）よりWWFジャパン・気候ネットワーク作成

に消費者が買える力，物価に合わせて買える力(購買力平価)に置きかえると，日本の効率はさほどよくないのがわかります．ここでもやは

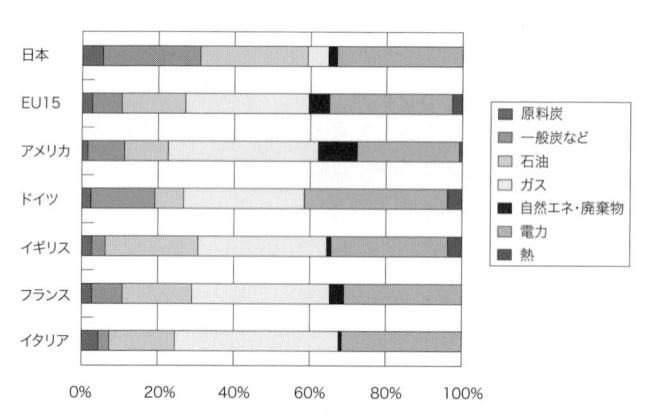

図6.8　産業における燃料構成の国際比較（2004年）
IEA Energy Balances of OECD Countries 2003-2004（GDP）よりWWFジャパン・気候ネットワーク作成

りもっとも少ないのは家庭部門で、運輸もほかの国に比べて少ない数値になっています（図6.7）．ここで注目していただきたいのは、産業部門がすごく多い点です．これはEU、アメリカ、ドイツ、イギリス、フランス、イタリアよりもずっと多いのです．ですから、日本のGDPあたりのCO_2排出量を少なくしているのは家庭と運輸であって、産業部門ではないということがいえます．

それはなぜかといえば、燃料構成が問題です．産業部門の燃料構成が、ほかの国に比べて石炭の割合が圧倒的に多く（図6.8）、これが問題なのです．これを天然ガスなどに変えればまだ大幅に削減ができます．さらに発電のほうでも、石炭火力発電が日本は増えています．量としては、アメリカに比べると圧倒的に少ないのですが、1990年から2004年までに割合としては2.5倍になっています．アメリカも増えていますが、ほかの国は減らしています．日本は京都議定書が採択されて以降も、石炭を減らすべきところを減らしていないということがいえます．

図6.9は発電所ですが、左端が効率がもっともよい発電所です．右

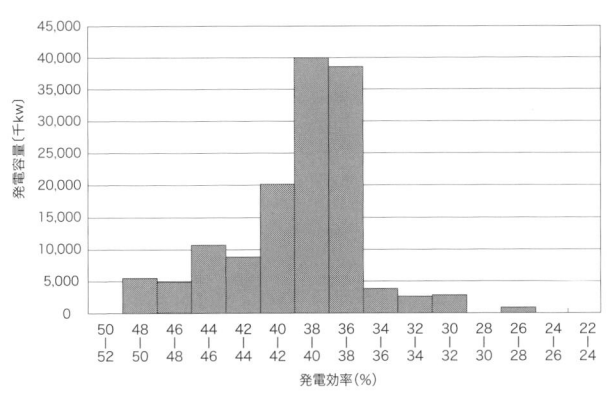

図6.9　発電所の効率の分布（2003年）
経済産業省資源エネルギー庁電力・ガス事業部/編『平成16年度電力需給の概要』(2003) 中和印刷　2005年より気候ネットワーク作成

にいけばいくほど悪くなります．真ん中あたりの発電所が多いことがわかります．ですから，左端の発電所をトップランナーとみなして，すべての発電所にここと同じようなベスト・アベイラブル・テクノロジー（BAT），つまり，効率のもっともよい最新の機器とか機械・設備などを導入するように投資が流れていくような仕組みにすれば，大幅に削減できる可能性がでてきます．

● 再生可能エネルギー

もう一つの問題としては，日本では温暖化対策の柱として，再生可能エネルギーがまったく入れられていないことがあげられます．たとえばRPS法（電気事業者による新エネルギー等の利用に関する特別措置法）という法律が2002年にでき，一定割合以上の再生可能エネルギーの利用を電力会社に義務づけたのですが，目標が非常に低いことに加え，京都議定書目標達成計画の見直しとはまったく別個に，その目標の見直しが行われています．2006年11月から2007年1月にかけて審議会を開き，供給電力のうち再生可能エネルギーで供給する目標値を2010年〜2014年までの間に当初の1.35％から1.63％までと引き上げました．しかし，この決定は京都議定書目達計画の見直しとはまったく無関係で，目達計画のなかに位置づけられていません．

電気事業者は，自主行動計画の目標を達成していませんが，それで，どうするかというと，火力発電所の効率をよくする，原子力の稼働率を上げる，そして，海外からクレジットを買ってくるという3点が，対策としてあげられているだけです．再生可能エネルギーには一言もふれておらず，温暖化対策の柱には入れていません．それに対して，EUなどは，再生可能エネルギーを柱に置き，EU全体として20％にするという高い目標を掲げています．それに応じて各国に何割，何割というふうに義務づけ，それを普及させようとしている政策が多くあります．中国も同様です．

とくにドイツ，スペインなどは，再生可能エネルギーで発電された

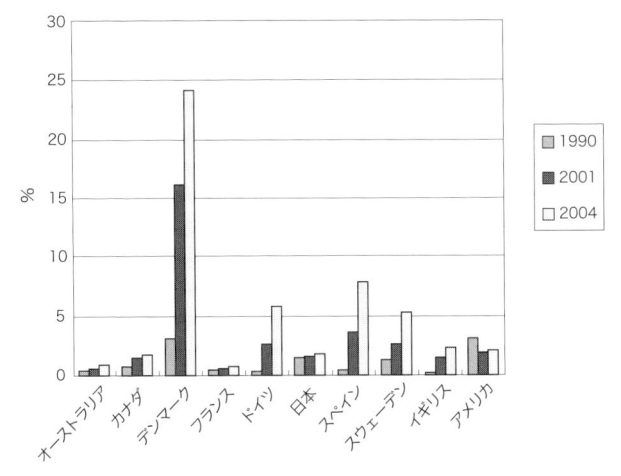

図 6.10　再生可能エネルギーからの発電量各国比較
IEA (2006) *Renewable Information 2006*, IEA/OECD より W
WFジャパン作成

電力を固定価格で買い取る電力買取法という政策を導入して，再生可能エネルギーからの発電量を増やしています．図 6.10 は 1990 年，2001 年，2004 年の再生可能エネルギーの発電量の各国比較ですが，ほとんどの国で増えています．それに対して，日本はほとんど変わっていないというのがわかります．

ドイツは 1990 年に固定価格電力買取法を入れて，風力発電を増やし世界一におどりでました．その後さらに，太陽光も対象にして，発電した電力はすべて電力会社が買わなくてはいけないようにしました．とくに太陽光に関しては，kWh あたり 60 円といった高い値段で買い取ります．そのコストは，全国民が電気料金の値上げというかたちで負担するわけです．それで風力発電は 90 年から一挙に増え，ドイツは世界一になり，そして，スペインも，その政策を入れてから第 2 位になっています．

太陽光は，日本はずっと世界一だったのですが，ドイツが電力買取

法を入れてからどんどん増えていって,2004年には単年度での設置台数が,2005年には累積の太陽光パネルの設置量が日本を超えてしまいました.

IEA (International Energy Agency,国際エネルギー機関)が2050年に向けてつくったエネルギーシナリオという報告書によるとすべてのテクノロジーのなかで,何が一番排出削減に貢献するかというと,もっとも多いのは省エネとエネルギーの効率利用です.

日本にはまだ削減の余地があります.エネルギー政策を考え直さなくてはいけません.それは,先述したとおり,産業・発電部門において燃料転換を石炭から天然ガス,再生可能な自然エネルギーへと導き,効率がもっともよい工場をトップランナーとし,すべての工場がそれをめざして効率向上のための投資を行い,原子力でなく自然エネルギーの利用を温暖化政策の柱に置き,その利用量を大幅に増やす政策を入れていくことです.

これらを実現させるためにもっともよい方法は,CO_2排出にコストをつけることです.そうすると,削減に向けた行動が大幅に起きるということで,次節では排出量取引の話に移りたいと思います.

4. 排出量取引制度導入の提案

● CO_2排出に価格をつける

日本ではCO_2に価格をつけるということがまだ明確に行われていません.しかし京都議定書自体がすでに価格をつけています.日本がたとえばCDM,JIで排出枠を買ってくるということは,つまりそのぶんのお金を払うわけですから,ほんとうは京都議定書が発効した時点でCO_2には価格がついたと考えてなくてはいけない.日本では,それがあまりみんなに理解されていません.それは見えるかたちで価格がついていないからです.その一つの方法としては環境税というのがありますが,WWFは国内排出量取引というのを一つの政策的ツー

ルとして提案しています．

　WWFは2004年から提案をしてきました．そのときは，ドイツの研究者に日本向けの国内排出量取引制度を設計してもらったのですが，当時は，まだこの制度に対する認知度が低く，時期尚早でした．それで，2007年の京都議定書目標達成計画の見直しの時期に合わせて，今度は日本の研究者に委託し，さらにそれをバックアップするかたちの企業研究会を発足させ，同時並行で研究会からインプットしながら制度設計をしていく方法を取りました．2007年1月に報告書の概要を，3月に本報告を発表しましたが，これに最新情報と世界の動きを書き足し，日本評論社から『脱炭素社会と排出量取引』という書籍として出版しました．

　制度の概要ですが，対象ガスはCO_2で，下流型／直接排出を対象とします．ですから，さきほど見たグラフの65%に相当するエネルギー転換部門，産業部門，工業プロセスが対象になります．

　京都議定書目標達成計画をもとに最大許容排出量の設定をし，初期配分方法もEUの事例から学んで，無償配分としました．

　特徴としては，排出量取引だけがすべてではないということです．この提案をつくるにあたって，やはり産業界からの意見を聞きながら制度設計をしようということで，委託した京都大学の諸富徹先生とともに関心のある企業と研究会を開いてきましたが，65%の大規模排出者を対象にし，業務部門や小さい工場は対象にならないということがわかった時点で反発を受けました．対象範囲にあたらない企業が多かったこともあり，どのように温暖化対策をたてるか悩んでいる業務部門や，製造業でもエネルギーの二次使用者に対する政策がなくては受け入れられないと言われたのです．それを受け，その後，その対象外となっているところに対する政策をWWFのスタッフも加わってポリシーミックスとして考えました．その一つが，税との組み合わせです．税は，化石燃料すべてに課税して，そして，排出量取引の対象事業者には75%の還付をするという方式が，環境政策上の確実性と徴

税費用の最小化と公平性の観点からもっとも好ましいということになりました．

それから，ベースライン＆クレジットとの組み合わせを考えました．さきほどもいったように，ＷＷＦが提案するキャップ＆トレード型国内排出量取引は，エネルギー転換と産業，工業プロセスが対象で，中小企業や業務その他は対象外なのです．ですから，そうした対象外の業務や運輸，中小事業所が，削減プロジェクトを実施することによって削減量がでた場合に，その削減量をこの対象部門の人たちに売ることができる．そうすると，こうした業務や運輸，中小事業所も削減をしようというインセンティブがわくのではないかということです．

しかし，ベースライン＆クレジットの場合は，どこをベースラインにするか，どこから削減したというふうに見るかということと，その方法論とか追加性，そういうものを決めるのがとても難しいのです．それはCDMも難しいのですが，日本の国内版CDM理事会というものを設置し，そこで日本に合った追加性およびベースラインの方法論の審査をし，クレジットを発行します．審査にあたって既存の省エネ法のもとで得られる各種情報を参考にするとか，電力と熱の使用量削減に関しては，たとえば業務部門で電力を削減して，電力会社にその削減クレジットを売ったとすると，電力のほうでもカウントしているのでダブルカウントになってしまう．それだと困りますから，削減量のダブルカウントを生じさせないために，あらかじめ排出枠の総量（キャップ）を設定するときに，ベースライン＆クレジット・リザーブという形で，このベースライン＆クレジットに対応するクレジットを発行するぶんを総量のなかに含めておくといった方法を考えました．

● キャップ＆トレード型国内排出量取引制度の長所

キャップを決めるときに，その対象の三部門の排出枠の合計にオークションを5％取り入れるので，そのぶんを取り置き，それから，新

しく工場をつくる場合などの新規排出源用取り置き分というのを5%,それにプラスして1%分,ベースライン＆クレジット用リザーブというのを設けるということを提案しました.

そうすると,この削減クレジットには,国連でも認められる国際的排出枠,日本においては94%分に相当する排出枠による裏打ちがあるということになり,海外でも使用できるということになります.中小企業がその削減事業を行うにあたっては,信用保証協会の保証対象に温室効果ガス削減事業を加えるというようなことによって,融資面での支援も必要だということを提案しました.

さらに排出量取引とは別に,省エネルギー量取引というものを考えました.これは,ヨーロッパにおいて,EU-ETSの対象外のところで行うホワイトサティフィケートという制度が提案されていたので,それを参考にしたものです.省エネルギー法では,年平均1%の原単位改善というのが努力目標としてありますが,これを義務化します.排出量取引の対象事業者は対象になりません.対象となるのは,業務部門の第一種指定事業者という,わりと大規模な業務部門の事業所です.それ以外の第二種特定事業者とか物流の特定荷主とか輸送事業者が削減をすると,この第一種指定事業者に売ることができるというような仕組みです.

ちなみに,ベースライン＆クレジット方式プラスこの省エネルギー量取引というのと似た提案が,いま,東京都でなされています.東京都は削減義務プラス排出量取引を実施しようとしているのですが,産業界が反対しているという状況があります【補足⑤】.

なぜキャップ＆トレードが良いのかというと,上限を設けるので削減量が確実になります.そして,その削減にかかるコストが企業ごとに違うことを利用して,より安いところで削減を進めることができます.削減コストが最小化できるのです.削減努力をしたぶんを売ることができて,努力できないところ,あるいはもっと生産を増やしたい部門が新しくできたという場合には,買ってきて目標達成できる.つ

まり柔軟な対応ができ，企業の戦略に組み込めるのです．こうしてCO_2の少ない効率的社会へと構造変革が起きます．

同じ制度を導入している他国とか地域をリンクしてグローバルなマーケットができると，削減コストはさらに安くなります．実際，既にグローバルなマーケットができようとしています．EUでは排出量取引が2005年から行われ，2008年からは参加国が27か国になりました．オーストラリアでも，ニューサウスウェールズ州が2003年から独自の，ベースライン＆クレジット方式に似た制度を実施しています．それから，アメリカではもっとも早かったのですが，東部10州で電力会社を対象にした排出量取引を実施しようということが2005年に提案され，2009年から制度を動かすことにしています．シュワルツェネッガー知事のカリフォルニア州が中心となる西部2州とカナダ2州にも動きがあります．ここはEUとリンクすることを前提に考えており，EUの人が制度設計を手伝っています．

オーストラリアも，2007年の11月に政権が交代し，その前から連邦レベルでも排出量取引の議論が行われていたので，これが導入されることはおそらく確実だろうというふうに動いています．これを見込んで，2007年の10月の末に，どういうふうにしたらこれらを一つのグローバルマーケットにリンクできるかということを検討するICAP（国際炭素取引協定）という組織が発足しました．ですから，既に現実問題として，各地で行われている国内排出量取引をリンクさせたかたちのグローバルなカーボンマーケットができつつあるという状況です【補足⑥】．

● 社会・経済を脱炭素化へ導く制度

排出量取引の企業にとってのメリットとして，自分の企業がどのレベルの対策が必要なのかが明確になり，計画のなかにそれを組み込みやすいということがまずあげられます．自分で削減するのか，買ってくるのか，対象枠の市場価格を見ながら決定できます．制度上自社の

排出分には排出枠を買ってくることが必要であることが確実であれば，その対策費用の根拠が明白になり，コストも市場価格を参照することができます．

さらにリスクの軽減ということがあげられます．これは企業が温暖化対策に取り組んでいることによって，投資対象としての価値が生まれ，取り組んでいないと価値が下がるということが，いま，起こりつつあります．その一つの事例として，世界的に行われているCarbon Disclosure Project（CDP）というのがあります．これはイギリスによって始められたのですが，気候変動によってもたらされる企業価値や企業活動への影響に対応するため，株主と企業の永続的な関係づくりができるように組織されたNPO団体で，2000年に設立されて，世界の主要企業へ，その排出量や温室効果ガスの管理や，気候変動によるリスクとビジネス機会をどう考えるかといったアンケート調査を行って，それを公表しています．2007年には2,400社に調査を行い，公表しました．

これによって，機関投資家が，気候変動が株主利益にもたらす影響を意識するようになりました．炭素管理の最初のステップはその算定であり，CDPは多くの企業に，この最初のステップをとらせることになりました．日本も，「地球温暖化対策の推進に関する法律」で，事業所の排出量の算定・報告・公表義務というのができましたが，その前からこれを行っていたのです．

このCDPにより，企業は気候変動のもたらす危機を認識し，対策およびこれをビジネス機会とする投資を行うよう企業行動を大きく変えています．機関投資家も，投資相手企業が適切な気候変動対策をとっているかが投資判断の重要な指標となって，CDPはそうした指標の一つを提供しているといえます．

排出量取引制度は大規模排出者にむいた政策であって，排出主体すべてにメリットのある政策ではありません．そのため，さきほど述べたようなほかの環境税やベースライン＆クレジット，規制，補助制

度など，ほかのさまざまな政策との組み合わせが必要です．しかし大規模排出者から大幅削減を実現できる政策でもあります．

これによって社会全体が脱炭素の方向へむかい，そのような技術開発が進んで，長期的に見て，社会・経済構造を脱炭素化へ導いていきます．排出量取引制度は制度設計の仕方でいかようにもなります．いろいろな点を考えつつ，最善の策を講じて制度設計をしていけばいいということがいえます．

5. 日本の課題

● 産業界の意識改革を

なぜ日本では抜本的な温暖化対策が導入されないのでしょうか．まず，日本経団連の反対の声が強いということが挙げられ，とくに電力，鉄鋼業界が政府の介入を阻止しようとしています．そうした圧倒的な力をもつ業界に，政府もほかの企業も異論を唱えられない状況になっています．長いものには巻かれろとか，公平性，公平性といっていますが，それは，つまり横並び社会であって，出る杭は打たれるような状況です．社会全体の効率性より衡平性のほうが重要であり，つまり，横並び社会のほうが重要，経済効率性を高めることは求められていないというのがいまの日本の現状なのです．

市場がグローバル化するなかで，このような考え方は理解されません．気候変動のようなグローバルな問題はグローバルなマルチ・ステークホルダーがいるので，そういうステークホルダーを対象として解決策を求めていかなければなりません．いままでの村社会的な日本的な手法ではきちんとしたグローバルなガバナンス社会を実現することはできないと思います．

2007年12月のバリ会議（COP13）を前に，世界の主要企業150社が「バリ・コミュニケ」という声明を発表しました（http://www.balicommunique.com/)．コカコーラや，GE，ブリティッシュエア

ウエイズ，デュポン化学，シェル石油など，世界的な企業が150社，名を並べています．英国チャールズ皇太子のイニシアチブで行われたものですが，もちろんヨーロッパの企業だけではなく，アメリカ，アフリカの企業もあり，南米，アジアの企業も含まれていますが，日本の企業は1社も入っていませんでした．この声明は，「気候変動は地政学的にも経済的にも地球に重大な損害を与える．これを防ぐ行動のコストは，国際的ビジョンに基づけば管理可能の範囲であり，気候変動対策は経済の成長政策でもある．バリ会議において，国際的に包括的で法的拘束力のある，十分に野心的な削減目標に合意することを求める．何よりも削減目標はコストや国際競争力ではなく，科学に基づいて導かれるべきである」という声明文だったのです．

アメリカでも企業が中心になって連邦政府へ規制的措置を求めています (http://www.us-cap.org/about/report.asp)．京都議定書に参加していない米国企業は，国際競争力を失うのではないかという懸念をもっているのです．

結局，日本で足を引っ張っているのは産業界であるといえます．日本経団連をはじめとする日本産業界は京都議定書自体に反対し，第2約束期間は京都議定書の枠組みとはまったく別のものにしようとしています．京都議定書のような国別総量削減方式は経済活動を阻害すると考え，京都議定書以降の取り組みは，セクター別目標や原単位目標などを主張しています．これだと，大幅削減はできません．総量削減でないとだめだということをわかっていないのです．またその観点から，CO_2排出に価格をつける環境税や国内排出量取引などに強硬に反対しています．

そういう状況のなかに，政府の声も封じ込められているために，国際交渉の場で，日本政府の交渉担当官は大胆な発言ができないのです．下手なことをいうと，産業界がついてきてくれない，実際に削減できないことになってしまうからいえないといっています．これは日本国にとっても産業界にとっても，そして，地球全体にとってもマイナス

です．

● 日本としてのビジョンを

　まず第一に，日本として，地球の平均気温上昇をどこでとめるつもりなのか，どこまで温暖化を許すのかというビジョンをだすべきです．第二に，京都議定書はほんの第一歩ですが，その目標の達成を，CDM を買ってくるのではなくて，国内のまだ削減ポテンシャルのある部分をとことん追求し，それを引きだすための政策を導入して，国内削減で可能にする．IPCC は温暖化の被害を最小限にするためには，あらゆるシナリオのうちで「カテゴリーI」，そして「シナリオA」がベストであることを示しています．その決断をするのは今であり，そのことを日本も真摯に受け止め，これを追求することをビジョンとして掲げなくてはなりません．それによっておのずとピークアウト時期や削減幅が決まってくるし，それに向けて実現可能なシナリオを示していくこともできるようになります．温暖化の被害を最小限に抑える可能性がまだ残されているという IPCC メッセージを受けて，いま，今後 10 年の間に何をするかを決定することが地球の破滅を防げるかどうかの分かれ目です．この危機感と緊急性を共有し，メッセージとして世界に，そして国連交渉に発信することが G8 諸国の責任であると思います．

　これを実現させるためには，日本の国際交渉の足を引っ張っている日本経団連など産業界の理解を得ることが重要だと思います．それには，やはり首相の決断とリーダーシップがもっとも重要だろうと思います．

本稿は 2008 年 2 月に行われた講演を元に加筆したものです．

【補足】

① イギリスは，2008 年 11 月，2050 年までに 1990 年レベルから

80％削減することを決め，これを「気候変動法」として法律にした．そのなかで，2020 年中期目標として，「CO_2 排出を少なくとも 26％(温室効果ガス全体で 2022 年に 1990 年比 34％)削減」することを掲げている．

② EU は，中期目標として 2020 までに EU 単独で 20％，他の先進国もそれぞれ応分の負担をするのであれば，30％まで引き上げる，としている(2009 年 3 月)．

③ アメリカは，2008 年の大統領選挙で，民主党のオバマ氏が大統領に選出され，2009 年 1 月に就任した．オバマ氏は，国際交渉に積極的に関わることを即座に発表し，5 月に国内排出量取引を含むワクスマン・マーキー法案を下院の委員会で可決し，上院審議にかけられることになった (2009 年 5 月 21 日)．このなかに，2050 年の削減目標として，2005 年比 83％を掲げていると同時に，2020 年には 17％，2030 年には 42％と，いかにして，2050 年までに 83％を達成するかの道筋を示している．(2009 年 5 月)主要経済国会議(MEM)も，主要経済国フォーラム(MEF)と名を変え，ワシントン (4 月)，パリ (5 月)，3 回目 (6 月) はメキシコ，そして 4 回目はイタリアの G8 サミット (7 月) と一緒に開かれた．

④ 2007 年度の日本の温室効果ガス総排出量は，基準年 (1990 年) 比で 9％増加，と最悪の数字が 2009 年 4 月に発表された (国立環境研究所 GHG インベントリーオフィス)．

⑤ 東京都は 2007 年に「カーボンマイナス東京 10 年プロジェクト」を発表し，2008 年 6 月，国の取り組みに先駆け，総量削減義務と排出量取引制度を含めたかたちで「東京都環境確保条例」を改正した．その後関係各社への説明会，意見聴取，パブリックコメントなどを踏まえ，2009 年 3 月に「総量削減義務と排出量取引制度」の具体的な内容を決定し，発表した．また 2009 年 5 月 26 日，温室効果ガスの国際的な取引市場創設をめざす「国際炭素取引協

定」(ICAP) に日本としては初めて正式加盟した (http://www2.kankyo.metro.tokyo.jp/sgw/jorei-kaisei20080625.htm).

⑥ キャップ＆トレード型排出量取引制度をめぐる世界の動きは，この講演を行った時点から大きく変わっている．EU は加盟 27 か国になり，フェーズ 3 (2013 年以降)より，排出枠の配分方式を無償から有償へと移行する予定であるが，まだ予定より無償の部分が多くなりそうである．しかし 2008 年から始まった第 2 期の 1 年目の結果としては，3%削減ができ，第 2 期としても配分した排出枠量は，第 1 期に比べ 6.5%少なくしたこともあるので，EU-ETS の効果が見えてきた，と発表された (2009 年 5 月 15 日)．またオーストラリアでは，2007 年 11 月に政権交代した連邦政府が 2011 年開始を目指し，制度設計を行っている．ニュージーランドでも農業や森林などを含めた 6 ガスを対象とした制度をつくり，一部を除いて 2008 年 9 月に発効した (http://www.climatechange.govt.nz/emissions-trading-scheme/index.html).

アメリカでは，連邦政府が法案を審議中であることは，補足③で述べたが，連邦政府に先立って，東部 10 州で 2009 年 1 月から電力会社を対象にした域内排出量取引制度が施行されている．そのため，2008 年 9 月より排出枠のオークションを始め，すでに 3 回のオークションが行われた (http://www.rggi.org)．カナダのオンタリオ州でも，アメリカ中西部の州とともに 2010 年より域内排出量取引の制度設計を行っている．

第7講

脱カーボンを目指して
排出権ビジネスと日本の技術の活用

本郷 尚

1. 脱カーボンの国際的流れ

　まず2006年ドイツで行われたサッカーのワールドカップを例に，排出権とは何かを説明しましょう．ドイツはサッカーが大好きな国で，毎週2回，ブンデスリーグと呼ばれる1部リーグの試合がありますし，さらにその下に地域リーグやいろんなリーグがあります．そういった土地柄ですから，ワールドカップを熱心に誘致し，またその開催をドイツの人たちは非常に楽しみにしていました．このワールドカップを排出権の世界で考えると，通常行われているブンデスリーグがベースラインということになり，それに加えて，ビッグイベントとしてワールドカップが行われますから，その年はいつもの年，つまりベースラインの数値よりも，エネルギーをたくさん使い，そして排出量が増加することになります．

　そこで，当時の環境大臣は環境に優しいワールドカップにしましょうと提案しました．環境に優しいワールドカップにするために，たとえば照明だとか調理器具などに省エネ型の設備を使うことにしました．さらに観戦時には車を使わずに電車を使いましょうというかたちで，排出量を減らす努力をしました．まず，エネルギーを使わない工夫をしたということです．

　ドイツでは発電量の約半分が石炭火力ですから二酸化炭素（CO_2）の

排出量が相当多いのです．そこでワールドカップでは CO_2 のでない太陽光発電で自家発電を行い，CO_2 の排出量を減らすことも考えました．ベースライン，つまり通常の年に比べると潜在的に CO_2 の排出量が増えますが，一生懸命努力して減らします．ただ，それでもやはりエネルギーが消費され，CO_2 の排出量は増えます．そこでどうしたか．ここに登場してくるのが排出権です．

● 増えたぶんをどこかで減らす

彼らはワールドカップ開催に伴う CO_2 の排出量を計算しました．彼らの計算では 10 万トンという数値でした．これは一生懸命減らす努力をしても，ワールドカップを開催すると 10 万トン排出してしまうということです．この数字を計算するためには，どこからどこまでがワールドカップというイベントによるものかを決める必要があります．これをバウンダリー（境界）といいます．たとえば，南米から熱狂的なブラジルのファンが来ます．彼らは飛行機を使いますが，飛行機からの排出量をバウンダリーに入れるか，入れないかということを一つ一つ議論しました．結論としては，入れないことにしています．彼らは最終的に国内の移動とスタジアムで直接的に消費される電力だけを考えました．それをバウンダリーとして計算したところ，10 万トンという排出量でした．

そこで，環境に優しいワールドカップにするために考えたのが，「一生懸命節約しました．それでも，ドイツでは 10 万トン増えます．でも，世界中のどこかで 10 万トン減らします」ということです．そうすると，プラス 10 万トン，マイナス 10 万トンで，世界規模で見るとプラスマイナスゼロです．これをカーボンニュートラル（中立化）といいます．彼らは実際にインドや南アフリカで温暖化ガス削減事業を行い，帳じりを合わせました．

この仕組みのなかに，いくつかポイントがあります．一つは，CO_2 と公害物質とは違うということです．公害物質，たとえば亜硫酸ガス

1. 脱カーボンの国際的流れ ■ 217

であれば，工場から大量に排出されて周辺の人たちが喘息で困っているときに，「ここでは10万トンの亜硫酸ガスがでているけれども，どこか別の国で10万トン減らしました，だからニュートラルでしょう」という理屈は通じません．その工場で減らしなさいということになります．ところが，温暖化対策については，地球全体の温室効果ガスの濃度を下げることが目標，あるいは手段となっていますから，ドイツで排出したぶんを南アフリカやインドで減らしても，十分目的は達成されます．これがポイントです．

計算して10万トンを減らしたと彼らはいいました．でもほんとうに10万トン減らしたのでしょうか．自己申告だけではだめで，客観的に立証できないと世界の人から支持されません．ドイツのワールドカップの場合は，WWFのゴールド・スタンダードという規格を使っています．ヨーロッパでは市民権を得ている考え方です．

京都議定書という仕組みでも自己申告ではだめです．一連の手続きを管理しているのが国連，UNFCCC（国連気候変動枠組条約）です．方法論，PDD（プロジェクト・デザイン・ドキュメント，事業設計書），それからモニタリングといったいろいろな複雑な手続きがあります．それを経て初めて10万トンというものの削減効果が証明されます．そのお墨つきとしてだされる一種の証券が排出権だと考えてよいかと思います．非常に難しいことを京都議定書では規約していますが，思想自体はそんなに難しいことではありません．こちらで出たものをあちらで減らすためには，やはりある一定のルール，そして裁定する人が要る．それが京都メカニズムということです．

大事なことをもう一度改めていうと，まずは減らす．そして，減らしきれないぶんは排出権というかたちで，どこか別の国で実施した削減効果で相殺させることにより，世界全体の気候変動問題に対する対応とするというところが一番のポイントです．

バウンダリーや排出量積算の仕組み，これもやはり国連が管理する仕組みのなかで決めています．日本ではどれぐらいの温室効果ガスの

排出があるかを算出する場合，これも勝手に積算基準を決めてはいけません．これについても厳密なルールがあります．90年比6%減に対していまは約9%増えています．具体的に，1億7,000万トンぐらい目標をオーバーしています．その計り方が極めて恣意的だと数字が変わってしまいますから，厳密なルールが必要です．温室効果ガス削減のための国際ルール，それが京都議定書の世界だということです．

● エネルギー問題と地球環境問題

地球はほんとうに温暖化が進んでいるのか，そしてそれが温室効果ガスが原因なのか，科学的にはいろいろな議論がまだあるということも事実だと思います．しかし，われわれが注目すべきことは，実際のCO_2排出量がどれだけ伸びているかという，あるいは今後も伸びていくかというその数字，事実だろうと思います．

図7.1の1990年を見ていただきますと，多いほうからアメリカ，EU，中国，日本という順番になっています．いまはかなり状況が変わってきて，中国がアメリカと並び，これからは中国がトップにおどりでます．さらにどんどん伸びは続いて，2030年にはとんでもない排出量になります．

このCO_2はどこからでているかというと，基本的には化石燃料を燃やすところ，エネルギーをたくさん使うところからでています．中国がこれだけ伸びているのは，中国の経済成長が非常に高くて，所得水準も上がり，1人あたりのエネルギー消費が増えているからです．

この表から考えるべきもう一つ別の世界があります．温室効果ガス，CO_2排出量の裏にもう一つの課題があります．それはエネルギーです．これだけの伸びを国際的なエネルギー市場が吸収できるかどうか，これは大きな疑問です．中国のいまのエネルギー消費のシェアは15%程度です．これがどんどん増えていき，数年のうちには20%を超えるでしょう．これだけの勢いで伸びた例というのは過去にありません．日本でも経済成長が非常に高かった時代がありましたが，中国

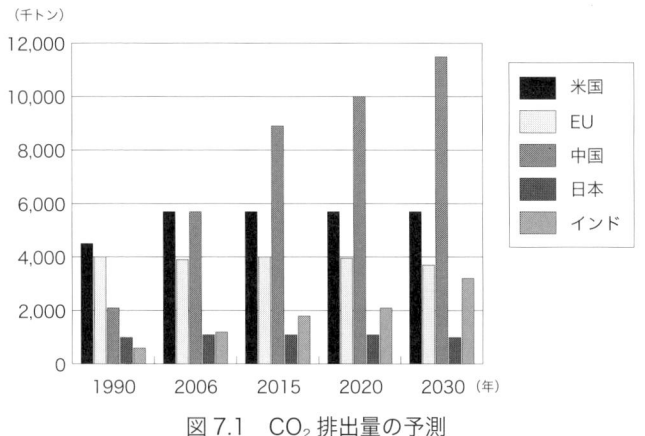

1. 脱カーボンの国際的流れ ■ *219*

図 7.1 CO$_2$ 排出量の予測
国際エネルギー機関，World Energy Outlook より

のいまの伸びとは比べものになりません．ということは，エネルギーの需給バランスを考えれば，やはりこのままではいけない，とてももたないという状況になっています．そこでエネルギーを減らすという意味での省エネ，そして，化石燃料を使わないという意味での再生可能エネルギーへの転換ということが重要になります．エネルギー問題と気候変動問題とは表裏一体の関係にあるということがいえます．

2007 年 6 月，G8 サミットがドイツのハイリゲンダムで行われました．そこで，2050 年までに 50% 削減ということを打ちだしました．バイ・フィフティ・バイ・フィフティということで，語呂がいいということもあって，脚光を浴びました．「このままでは大変なことになる．2050 年までに半減させよう」という共通認識が生まれ，長期目標は共有されました．

では具体的にどうしていくか．京都議定書というのは国際的な枠組みとして，2008 年から 2012 年までの世界を決めているものであって，2013 年以降の枠組みについてはまだ合意されていません．これから 2013 年以降の枠組みを考えていく際には，2050 年までの 50%

削減という目標に向かっての一つの手段として，2013年から2020年までの枠組みを考えていくことが肝要だと思っています．

2013年以降の枠組みを考えるときに，日本政府のいまの基本的な主張というのは，すべての国が参加する枠組みをつくろうということです．あえて「抵抗勢力」という言葉を使うと，アメリカ，あるいは中国，インドだといわれます．アメリカが乗ってこないのだから決して新しい枠組みはできないという意見もあります．

ただ，私の個人的な予測からすると，多分そういうシナリオにはなっていかないと思います．エネルギー問題との関係も考えていけば，何らかの対策は講じていかなくてはいけないというのがいまの世界の現実でしょう．1997年の京都議定書採択のときに非常に積極的に動いたのがアメリカでした．その後ブッシュ政権になって，離脱してしまっているのもアメリカです．

● **アメリカの動向**

私は前から，「アメリカはいずれ来ますよ，必ず乗ってきますよ」ということをいってきました．最近の動きを見てみますと，アメリカも動きだし，オバマ政権も国際社会との協調路線で，少なくとも対話に参加するようになってきています．

民主党は環境問題に積極的，共和党のほうはちょっと控え目といわれています．しかし共和党も一枚岩ではありません．州レベルでのキャップ＆トレード，EUと同じように大規模な排出装置に対して規制をかけるという仕組みは，ニューヨーク州など北東部州が実施することを決め，またカリフォルニア州など西部の州でも取り組んでいます．東西の有力な州がイニシアティブをとってやっているわけですが，実はこのイニシアティブをとっているのは，両方とも共和党の知事です．ですから，気候変動問題について共和党対民主党という構図で判断するのは誤りではないかと思います．

次に経済的な要因です．アメリカがこの世界に戻ってこない大きな

理由は，アメリカの中心産業が石炭産業であり石油産業であるからだという見方があります．CO_2 を排出する産業なので，CO_2 の排出がコストになるという世界がやってきたとき，これはかなり困るから反対するのだということです．

これにも，必ずしもそうではないことを示すいろいろな兆候があります．こうした産業にとって CO_2 がコストになるということは決して好ましいわけではありませんが，着実に対策はとっています．アメリカの企業のなかで，環境に対する政策を早く実施しよう，決めようという動きをする USCAP（米国気候行動パートナーシップ）というグループがあります．これには電機メーカーも入っています．

ほかにもいろいろな例があります．たとえば，石油産業の中心で，排出権取引に反対しそうな州の一つにテキサス州があります．テキサス州では，電力会社はなぜか原子力発電を導入することを決めました．スリーマイル島の事故以来，アメリカでは原子力発電を新規に建設するのはストップしていますが，テキサス州，イリノイ州では原発建設の方向に向かって動きだしています．CO_2 がコストになるということを覚悟したうえで，それに対する対応として動き出したのではないかと思います．

オイルメジャー（国際石油資本），あるいは石炭産業に一方的にコストがかかるかというと必ずしもそうではありません．地下に埋まっていた CO_2 を掘りだして使い，それが大気中にでて濃度が上がるというのであれば，それを埋めてしまえばいいという発想がでてきました．温室効果ガス削減の手段の一つとして，もとあった場所に戻そうという極めてシンプルでわかりやすい話です．これは CO_2 の地下貯留 (Carbon dioxide Capture and Storage, CCS) という技術で，究極の温暖化対策といえます．

石炭火力発電所からは煙がでます．水蒸気など，いろいろなものと一緒に CO_2 がでてきます．そこから燃やす前，あるいは後に CO_2 だけを取りだし，パイプラインなどで輸送し，適当な場所に埋めるとい

うものです．技術的には大きく分けると，取りだすこと，埋めること，運ぶことの三つのプロセスがあります．取りだすほうは，日本の企業もいろいろな技術をもっています．埋めるということがけっこう大変なのです．どこに埋めたらもう二度と大気中に戻らないのか，どれだけの期間埋められるのかといった地下に関するいろいろな知識が必要になってきます．

世界中で，地下の構造に関して最も知識と経験をもっているのはオイルメジャーです．オイルメジャーは世界のいろいろなところで掘っていますから，どこにどれだけ埋められるかというのはある程度わかっています．この CO_2 の地下貯留というのは今後，非常に大きなビジネスになってくる可能性があります．京都議定書のなかで，地下に埋めてでてこないようにすれば排出権が得られる仕組みをつくれば，その排出権を売って，CO_2 地下貯留のコストをカバーすることができます．ただ，削減したという効果を客観的に立証する方法論がCCSの場合，まだ認められていません．おそらくはこれから認められると思いますが，もしそうなれば，オイルメジャーは非常に大きなビジネスチャンスをもつことになるでしょう．それは石炭産業も同様です．

アメリカ全体として見て，産業ごとに損得はあるかもしれませんが，国全体の経済的メリットからすると，そんなに一方的にマイナスだけではない可能性があるということです．

● **中国とインド**

国際的な動きのなかでわれわれが注意深く見ていかなければいけないのは，中国，インドだと思います．これは私の印象ですが，2, 3年前，中国政府の人と会うと，「気候変動問題は私たちの責任ではない，いままでエネルギーをたくさん使って，CO_2 をだし続けたのは先進国でしょう．先進国の問題として解決してください」（先進国責任論）と主張しました．ところが，ここにきて中国のエネルギー消費は非常に

伸びてきて，かなり様子が変わってきています．この最大の理由はエネルギー制約だと私は思っています．十数年前，中国は石油も石炭も輸出していた国でした．そういう国がいまや石油は輸入国，これから石炭も輸入国になろうとしています．エネルギーの純輸入国になろうとしているのです．これはやはり問題だということで，中国政府の関心は省エネであるとか，再生可能なエネルギーにシフトしてきています．国際的なプレッシャーもあり，彼らも気候変動，温暖化問題という言葉を，明示的に使うようになってきています．

2007年8月下旬に，北京で民間主導で日本と中国の政府の官僚，あるいは学者，ジャーナリストを招いた大きな会議がありました．地球温暖化に関する部会というのがあり，私も議論に参加しましたが，非常におもしろかったです．それは，中国の変化がほんとうによくわかったからです．議論のなかででてきたのは，「中国はいまは京都議定書のなかでは途上国である．途上国だけれども，2013年以降も途上国であるとは決まったわけではない」という中国側の発言です．妙にもって回ったいい方ですが，2013年以降については何がしかの変化があるということを暗に認めているということです．

中国でCO_2の排出量はいろんなところで増えています．日本もそうですが，一番増えているのは民生，運輸，オフィスなどの部分です．たくさんだしているのが電力や鉄ですが，日本に比べて，あるいは世界に比べて，エネルギー効率は2，3割低いといわれています．しかしよく見てみると，最新鋭の工場，あるいは施設は，エネルギー効率の面では世界水準です．これはあたり前の話で，たとえば製鉄を考えてみると，高炉を建設できる会社は世界に2，3社しかありません．その2，3社の技術を使って製鉄所をつくっているわけですから，世界中どこへ行っても新しい工場，製鉄所は同じようなエネルギー効率になるのです．

中国では非常に小さな規模の，効率の悪い古い施設もまだまだたくさん使われています．中国政府はどうしようもないものはスクラップ

して，中規模の施設に統合しようという政策をとっています．失業問題とか社会上の問題にも配慮が必要ですが，着実に効率改善を図っています．

私たちは，セクター別，あるいは品目別のエネルギー基準を設けたらどうでしょう，それならば中国も守りやすいのではないですかということを提案しています．中国側ともいろいろと議論を重ねてきているので，中国側が絶対にいかなる制約も受けないというような公式答弁を繰り返していた 2, 3 年前とは，状況がかなり変わってきていると思います．

● EU と日本

気候変動問題についてもっともアクティブに動いているのが EU です．京都議定書は 2008 年から 2012 年までの第 1 約束期間の排出量を抑えるため先進国の削減目標を決めています．これに先立って 2005 年から 2007 年末，EU は排出権取引制度をパイロットフェーズとして導入しました．いよいよ京都議定書の本番の 2008 年から 2012 年を迎えました．ところが欧州はもう 2013 年以降の準備も始めており，われわれよりも一歩も二歩も先に進んでいるという状況にあります．

日本は京都議定書のもとで 6% の削減約束をしました．国内での具体的な手段としては，クールビズとかライフスタイルの見直しを含めいろいろなことを組み合わせていますが，一番たくさん排出している産業・エネルギー転換部門をどうするかということについては，政府としての具体的な強制力をもった制度はありません．あるのは，日本経団連の自主行動計画などに基づく企業の自主的な削減目標です．ただ，自主行動といっても，企業は目標を絶対達成しますということで，法律的に義務化はされていませんが，実質的に見ると義務化されている状況になっているのではないかと思います．

2. 拡大する排出権市場

● EUが世界をリード

　さきほど、どこかの国で削減し、それを客観的に立証して、「ほんとうに削減しました」とだれかがお墨つきを与えてくれたものが排出権だと述べました。お墨つきを与えるのは京都議定書だけではありません。京都議定書のほかにもいろいろな排出権があります。京都議定書の排出権以外の代表的なものとして、欧州の排出権取引制度の排出権があります。

　EU域内排出権取引制度（EU-ETS）というのは、同じ排出権という名前を使っていますが、質的にはまったく違います。事業を行った削減効果を排出権とするのが京都議定書の排出権であるとするならば、欧州は大量にCO_2を出す、電力や鉄やセメントといった施設に対して、あなたはこれだけ排出していいですよという排出許可証を与えています。この排出許可証が排出権と呼ばれて、取引されているのです。

　この許可証と削減効果の間に何かそんなに大きな違いがあるのかなと思われるかもしれませんが、金融的、あるいは投資的に見るとものすごく大きな差があります。というのは、削減効果というのは、計画の段階ではあくまでも計画であって、実際に削減されたかどうかわかりません。京都議定書のプロセスは2段階に分かれています。1段階目は計画段階で方法論と呼ばれる立証方法で、事業計画書（PDD）というものを国連に提出して承認され、国連によって登録されます。事業としては認められますが、現物としての排出権というのはまだ発行されません。排出権の現物がいつ発行されるかというと、たとえば、風力発電案件であれば、操業が開始され、その結果の発電量なりをモニタリングして、どれだけほんとうに減らしたかということを証明する。この段階で初めて排出権が発行されるのです。2008年前半頃まで日本で新聞等で報道された排出権というのは、ほとんどが計画段階のものでした。つまり国連が発行する前に排出権になるであろうとい

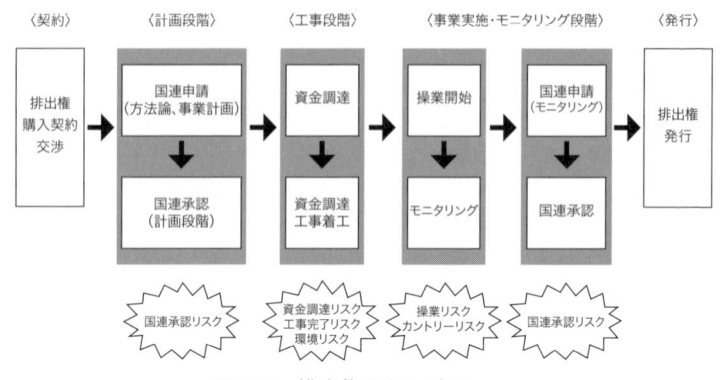

226 ■ 第7講 脱カーボンを目指して

図 7.2 排出権発行の流れ

うものを見込んだ契約でした．発行された排出権とは質的には大きな違いがあります．

　京都議定書は 2005 年の 2 月 16 日に発効したわけですが，この年は EU の排出権取引制度の第 1 年目でもあります．この年の取引ボリュームを見てみますと，京都議定書の排出権も EU の排出権取引制度の排出権も，ほぼ同じ規模でした．ところが，2006 年になりますと欧州クレジットが急増し，2007 年になるとその差はさらに大きくなっています．EU の質的に違う排出権のほうが，圧倒的な大きなシェアをもつようになってきています．排出権という全体をマーケットとして考えると，欧州の排出権が排出権というコンセプトのなかでリードしているということがいえます．

　もう一つの変化は京都クレジット取引の構造変化です．2008 年に初めて，発行されたクレジットの取引が発行前クレジットの取引を上回りました．市場の成熟化です．他方で発行前取引が減少しています．枠組みの終わりである 2012 年が近づき投資マインドが冷えてきていることが原因です．以前は京都議定書の排出権の価格を交渉するときは，ドルベースで個別に相談していました．ところが最近はドルでは

2. 拡大する排出権市場

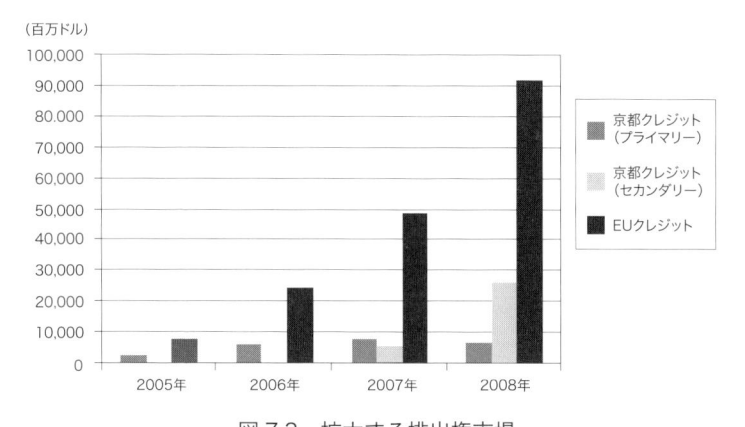

(百万ドル)

図7.3 拡大する排出権市場
世銀 State and Trends of the Carbon Market 各年版より作成

ありません，ユーロです．EU の排出権取引制度の取引通貨はユーロですから，それにつられて次第にユーロでの取引が増えてきています．排出権取引においてはユーロが基軸通貨となっています．

欧州の排出権は，「あなたの排出枠はこれだけですよ」という許可証です．だれが許可を与えたかというと，EU の制度です．いわば，AAA 格付の債権と同じだけの信用力があります．だからみんな安心して取引ができるのです．そうすると，市場ができ，価格がつきます．

銀行の融資であれば変動金利があります．市場の状況，経済状況が変わったら金利が変動する．あるいは，石油ならば価格が変動する．これが普通です．固定価格でずっと続くというほうが，いまの経済では少数派です．変動価格で取引するためにはベンチマーク，つまり基準となる価格が必要です．たとえば，国際金融の世界でいうと，ロンドンのインターバンク市場でのドルの取引レートみたいなものです．京都議定書の排出権も以前は取引ごとに個別に決めていたのですが，いまは変動的な価格のつけ方が次第に普及してきました．どういうやり方かというと，欧州の排出権取引市場での欧州クレジットの取引価

格マイナス何％というかたちで価格が決められてきています．これも，欧州のプレゼンスが高くなってきていることの表れです．

　日本企業に対する影響を考えると，欧州の排出権取引制度はいまは京都議定書に基づく排出権市場を通じて間接的な影響を与え，直接的な影響というのは限定的です．というのは，さきほどの日本経団連の自主行動計画に排出権を使いましょうといって，日本に欧州の排出権を持ってきても全然価値がないのです．日本が目標としているのは京都議定書の目標達成であり，自主行動計画はその一環だからです．これは日本企業にとって，少なくとも日本国内については，極めて例外的な使用しかできません．どういうところで影響が出ているかというと，欧州に進出している日本企業のなかに，EU 排出権取引制度の対象となっている工場がいくつかあるということです．例をあげますと，EU には日系の自動車工場がたくさんあります．塗装して乾燥させる，その乾燥させるときに大量の熱が必要です．こういったところで規制の対象となっているそうです．2005〜2007 年のフェーズ 1 では，20 から 30 工場ぐらいが対象になっていたといわれていました．これは 2008 年からのフェーズ 2 ではもう少し対象が拡大して，規制の対象となる日本企業の工場もかなり増えています．

● **日本の排出量**

　表 7.1 は政府発表の数字です．日本でどれだけ排出量があって，今後どうなるかということを政府が発表しています．「目標達成はけっこう大変です」という一言に尽きます．1990 年の排出量は 12.6 億トンでした．いま 13〜14 億トンぐらいがでています．90 年比 6％減（CO_2 の場合）ですから，この 12 億 6,100 万トンに 0.94 を掛けたものが目標排出量となります．現状からの差をだすと，大体 1 億 7,000 万トンという数値がでてきます．この 1 億 7,000 万トンがオーバーしている量であり，これをいまから減らさなければならないわけです．

　政府は産業部門，エネルギー転換部門などの自主行動計画が完全遵

守されることを前提にしています．それから，森林で吸収されることを計画に入れています．これにプラスして追加的な，個人のクールビズも含めていろいろな省エネが行われ，それでも足りないぶんとして政府が1億トンの排出権を調達して，ちょうど目標が達成できますという絵を描いています．これが京都議定書目標達成計画の骨子ですが，実際はそんなに簡単ではないと思います．

私自身，この2008年から2012年までどれだけ日本でCO_2の排出権が必要かということを，マーケットの方々と意見交換しています．いろいろな前提状況がありますが，トータルで4億トンから6億トンぐらいは必要ではないかと思っています．これは極めて大きな数字です．日本は現状，一つの国としては，最も大きな排出権の需要をもつ国だといえると思います．政府はいま1億トンの購入計画をもっていますが，これからの状況を見ますと，たとえば2億トン以上というふうに計画を修正するものと見られています．

表7.1の90年からの増加の数値をみると，自主行動計画の対象となっている最も大きい部門は産業部門ですが，実は産業部門は90年からは減っています．どこで増えているかというと，オフィス，運輸，

表7.1　温室効果ガス排出量見込み
政府資料より作成

(100万トン)

	1990	2005 (actual)	2010 (forecast)	90年からの増加
産業部門	482	452	438	-44
オフィスなど	164	238	211	47
運輸部門	217	257	245	28
家庭	127	174	145	18
その他	271	239	234	-37
合計	1,261	1,360	1,273	12

(参考)

目標排出量	1,185
森林吸収	▲48

家庭で増えていることがわかります．この構造はしっかり押さえておかなければいけないところだと思います．

　政策論から考えると，行政が行う規制を考える場合，行政のコスト，政策の実施コストを考慮することも非常に大切です．たとえば，発電所を規制する場合にはきちっとモニタリングをする必要があります．どれだけエネルギーを使ったか，どれだけ CO_2 がでたかを計算するのです．これを第三者に評価してもらうためにはコストがかかります．大きな施設であれば，コストをかけて精確に計測し，また規制する政策を実施していくことが可能です．ところが，家庭になりますと，一つ一つの排出量は極めて小さいものです．そこでどれだけ使ったかを厳密に計測することは物理的には可能ですが，経済的には不可能です．国の政策ということを考えていくと，規制の対象になるのは，実は大量に排出し，捕捉が容易な部分だけになります．家電製品からの一つ一つの細かいところの間接的な排出量については発電所などの根もとで抑えるなどの，いろいろな工夫が必要です．直接的な規制はできないということ，ここが重要なところだと思います．

● 排出権市場の多様化

　排出権市場を見てみます．最近の経済低迷も加味すれば，世界全体で2008年から2012年までに必要な排出権量は16億トンから25億トンぐらいではないかという見方が一般的です．一方，供給側は，先進国が途上国で行うクリーン開発メカニズム（CDM）という事業から出てくる排出権は，いまのところめどがついているのは10億トンです．これから増えていくと思いますが，まだ大きなギャップがあります．これは一つの事実です．

　次に，日本を見てみます．2007年までに，だいたい3億トンほど日本企業は契約をしたといわれています．これから第三国に流れていく部分，契約通り実行できないぶんもありますから，2億トン強が日本の国内にもちこまれるでしょう．商社などが買っていますが，それ

は主として電力と鉄の二業種に転売される，あるいはアレンジされていると考えられます．この二業種については，地震による原子力発電所停止という予測不可能なアクシデントがあり，追加的な需要が発生していますが，それを除けばほぼ，あるいは相当に必要な需要量は満たされつつあるということです．

ところが，先ほど述べたように日本全体で必要な排出権が4億トンから6億トンだとすれば二業種で2億トン，政府が1億トンぐらい必要です．そうするとまだまだ日本においては大きなギャップがあります．それではだれが排出権を購入するのでしょうか．まずは政府の追加購入です．それから，日本経団連の自主行動計画もだんだん，二大業種だけでなくて，製造業やオフィスなどにも広がっていくでしょう．そのときに需要が小口化することが，変化として表れてくるだろうと考えられます．

供給側のほうでは，さきほど述べたように供給量がかなりの程度累積しているわけですが，一方で，事業の小型化が進んでいます．それからもう一つは，発行済排出権の流通です．国連から発行した排出権は，事業リスクはすでになくなって比較的取引しやすいかたちになった排出権です．これが次第に増えてきており，2009年5月時点で，2億9,000万トンにもなっています．

需要・供給側でいろいろな変化がでてきていますから，今後でてくる変化は，どうやって獲得するかという方法の変化，行動変化ではないかと思います．いままでは商社，電力，鉄といった企業が事業に直接出資，あるいは参加して，事業のリスクをとりながら排出権を入手してくるというモデルだったのですが，たとえば製造業の会社で，そんな手間はかけていられない，そんなに量は要らないということであれば，もっと安全で確実な排出権をとる方法が必要になります．そこで，発行済排出権の利用，あるいは，必ず排出権をあなたに差し上げますよ，できなかったら別の排出権を差し上げますよというような供給保証つきの排出権，さらに，金融機関でよく用いられている格付の

利用，こういった多様化が進んでいくものと思います．

　格付についてはサブプライム問題でかなり評判を落としていますが，素人がこの事業が安全かどうかを判断するのは極めて難しいことです．あるいはプロであってもお金と手間がかかります．そこで，もし仮に信頼できる第三者の専門家がAAAとか，Aとか，BBBとかという格付をしてくれると，その格付を頼りに投資，あるいは取得することができるわけです．金融の世界ですとムーディーズ，スタンダード＆プアーズなどがあり，日本にも格付機関はありますが，排出権についてはいままでありませんでした．イギリスにある金融会社が排出権の格付をしたいといってきたので，国際協力銀行とタイアップして，日本市場での活用を計画しています．アイデアカーボンという会社ですが，親会社は金融コンサルタントとしての十分な実績を持っており，格付という技術的な部分についてはムーディーズから人を引っ張ってきて，排出権という部分については世銀の排出権チームのヘッドをスカウトしてきています．東京でセミナーを開催するなど，普及のお手伝いをしています．

3. 低カーボン社会への好循環の引き金に

● 消費者が主役

　『ソトコト』という雑誌があります．「環境に優しい生活をしましょう，それは格好いいことだ」というロハスな雑誌です．快適さと環境とを両立させますというところがこのロハス雑誌のビジョンになっています．この雑誌が2007年8月に，定期購読をしてくれた読者に365キログラムの排出権をプレゼントしますという企画を発表しました．なぜ365キログラムか．安倍首相（当時）の1日1キログラム削減キャンペーンに呼応したものです．環境に優しい生活をめざす読者ですから「これはいいことだ」と反応があるだろうというわけです．さきほどのドイツのカーボンオフセットと同じく，自分で減らせないの

3. 低カーボン社会への好循環の引き金に

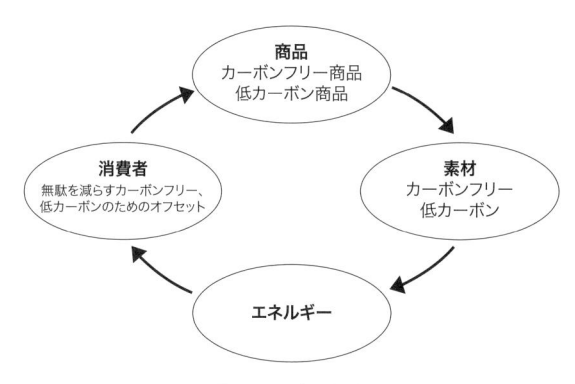

```
          商品
      カーボンフリー商品
       低カーボン商品
   ↗              ↘
消費者              素材
無駄を減らすカーボンフリー、    カーボンフリー
低カーボンのためのオフセット    低カーボン
   ↖              ↙
        エネルギー
```

図 7.4　低カーボン社会への好循環

であれば，どこか別のところで減らすという趣旨でキャンペーンしました．

これには実際に発行済みの排出権，ブラジルの小さな水力発電と，それからサトウキビを搾る工場ででてくる絞りかすを燃料に使った自家発電の CDM のクレジットを 1 万トンぐらい使いました．

私も実はこの企画のコンセプトをつくるときにお手伝いしましたし，排出権を欲しい人と売りたい人とをつなぐ仕事もお手伝いしました．何がねらいなのかというと，格好よくいえば，低カーボン社会への好循環という連鎖の確立です．消費者は無駄を減らし，カーボンフリーや低カーボンのためのオフセットなどのいろいろな努力をします．消費者が「何かやっぱりやらなきゃいけないよね」となると，その次はその人たちにこたえる商品がでてくるということです．

この間イギリスに出張に行ったときに，ホテルの近所のコンビニで「懐かしいな」と思って英国風ポテトチップスを買いました．ポテトチップスをつくるためには，ジャガイモを収穫し，油で揚げ，包装します．そのパッケージングにはプラスチック製品が使われますし，できた商品は小売店に輸送します．つまり製造から流通まで，相当な量の CO_2 がでます．そこで，この会社は何をしたかというと，自分が

どれだけ CO_2 の足跡を残したかを計算してパッケージに表示しています．これをカーボンフットプリントといい，企業の取り組みとして低カーボン，CO_2 を減らすために努力していることを示しているのです．

『ソトコト』の場合は，そのキャンペーンでけっこう購読者が増えています．年間購読者が1週間で何十人か増えたそうです．このカーボン消費フリーというコンセプトが，売れるということなのです．

すると，今度は企業がいろいろ考えます．携帯電話はプラスチックを使っています．石油からつくられるプラスチックもありますが，バイオプラスチックというものもあります．バイオプラスチックはカーボンフリーです．たとえば，これはバイオプラスチックを使った携帯ですよというと，追加コストがあまり高くなければこっちのほうがいいかなと思い，消費者は購入してくれます．

この循環は最後はエネルギーにも影響するだろうと思います．私はこの循環をつくるのがねらいでお手伝いしましたが，企業にとってみると，立派なマーケティングツールです．企業が行動をとるためには，どこの企業もかなり事務的にいろいろな手続きを経てから行動をおこしますが，消費者というのは動きが早いのです．そして自分自身で決められるわけです．ここが企業と個人との大きな違いです．低カーボンがいいと思う個人が世のなかの流れとして多くでてくれば，企業はそうした価値観にあわせた販売戦略をとっていきます．

動きが早い消費者がいろいろな動きをすることによって，環境に優しいプロダクトのバリューが上がってくるということです．最終的には消費者が経済を変えていくということになるのではないかと思っています．

● 排出権の国内流通市場

図 7.5 で排出権の国内流通市場を説明します．大企業であれば事業に直接投資して排出権を得ることも可能ですが，製造業であれば需要

3. 低カーボン社会への好循環の引き金に ■ 235

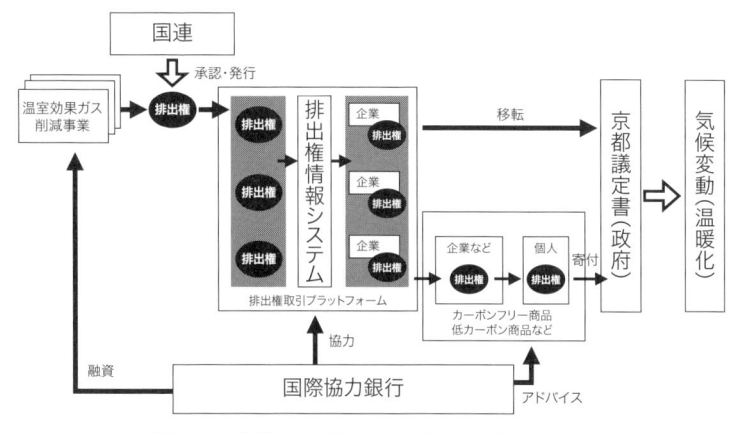

図 7.5 京都クレジット取引プラットフォーム

はそれほど大きくないので，コストをかけて事業に直接参加すること
はできません．そこで市場整備が望まれます．そして，その市場から
排出権を購入することで，カーボンフリー製品市場といったものが可

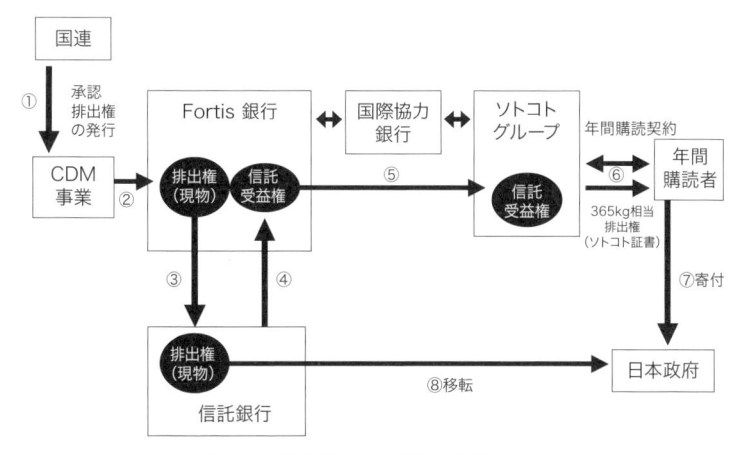

図 7.6 排出権付月刊誌の仕組み

能になっていくということです．国際協力銀行はこの排出権の情報システムを通じての排出権の国内流通市場の整備も行っていますし，こういう『ソトコト』のようにいろいろな企画する企業があればお手伝いして，さきほどのバリューチェーンを完成させようということで取り組んでいます．

図7.6は『ソトコト』の雑誌のケースです．年間定期購読すると365キログラム相当の排出権をもらうことができます．これは，販売促進グッズ，つまりグリコのおまけのようなものです．これが欲しいから契約しますという方もでてきます．そうすると，この『ソトコト』もハッピーですし，それから，年間購読者も排出権を取得し，地球レベルで気候変動問題に貢献できるということで彼らもハッピーです．こういう皆が得をすることが大事なのです．

では，この排出権はどこからきたのでしょうか．ブラジルの水力発電事業の削減効果を国連が認証した排出権を使います．この排出権，すなわち現物の排出権は政府が管理している国別登録簿のなかにあります．それを個人に直接お譲りするというのは，実は事務経費がかかりすぎて難しいのです．そこで年間購読者へ，「あなたは365キログラムの排出権をもうすでに買いました．これがあなたのぶんですよ」という管理上の約束事を『ソトコト』と交わします．

また，365キログラムの排出権を，いつまでももっているわけにはいきません．そこで，この排出権を最終的に日本政府に寄付するということをわれわれは考えました．ということは，読者にとってみると排出権を取得する，あるいはプレゼントしてもらうということを通じて，さらには日本政府に寄付することによって，温暖化対策に貢献しているというかたちです．365キログラムというのは大体1,000円ちょっとの値段(計画発表当時)ですが，そのコストはだれが負担しているかというと，『ソトコト』が負担しています．

読者が負担して排出権を買ったとしたら，その排出権の原価やマネジメントコストなど，いろいろなことを決める必要があります．イギ

リスのカーボンオフセットの専門家である会社の社長と話をしたとき，この説明をすると，「おまえすごいな，雑誌社が負担するというのがみそだな．雑誌社が負担するということによって，いろいろな難問が解決するんだな」と，びっくりしていました．つまり発想の転換です．日本ではカーボンオフセットがブーム化していますが，企業がコストを負担するという簡単な仕組みであることもそれに寄与していると思います．

4. 日本のビジネスチャンス

● 技術・金融・排出権

　温暖化対策というと，企業の方のなかには CO_2 の排出量を減らすためにはお金がかかるので抵抗感もあると思います．

　私は田舎の生まれで，小さいときに，よく山や川，海などに，おにぎりを母親につくってもらって遊びにいきました．もしおにぎりを落っことしてしまっても，おむすびころりんではないですが，その辺に捨てておいても誰にも文句はいわれませんでした．環境面でも大きな問題はなかったと思います．自然環境のキャパシティーが十分大きければ，多少ものを捨てても影響はなく，むしろ自然に帰っていくということでした．

　それが大都市で生ごみを大量に捨てたとすると大変な問題になります．亜硫酸ガスの問題も，水質汚染も一緒です．いままではコストではなかったものが，ある一定のキャパシティーを超えたところからコストになってきます．時代の変わり目では，企業というのは一般的に保守的です．なぜならば，亜硫酸ガスであれば排煙脱硫装置をつけなければいけないし，汚水であれば水質浄化設備をつけなければいけないというふうに，追加コストがかかるからです．そういうことで，温暖化問題はコストがかかるものだ，と企業はマイナス思考になりがちです．

この発想を変えてみませんかというのがポイントです．つまり，排煙脱硫装置をつけなければいけないと考えると，受け身です．ところが，性能のよい排煙脱硫装置をもっている会社にとってはビジネスチャンスになります．水質浄化の技術をもっている会社にとっても，同じくビジネスチャンスになります．同じ問題の表側はコストだとすると，裏にはビジネスチャンスがあるわけです．だから，この変化をマイナスじゃなくてプラスにしていきましょうというのが提案です．何がプラスになるかというと省エネ，再生可能エネルギーの技術なのだろうと思います．

三菱重工業はブルガリアで風力発電事業を実施しました．風車では日本でのシェアはナンバーワンですし，アメリカでも健闘しています．ところが，ヨーロッパでも販売したいということで売りに行ったのですが，あまり売れませんでした．ヨーロッパで実績がないから売れない，売れないから実績がつくれないということで，仕方がない，自分で投資しようということになったのです．

この投資事業は，けっこう大変でした．許認可を得るのも大仕事だし，経済的コストもかなりかかるということで，工夫したのが，排出権を生みだす事業にしようということです．ブルガリア政府と国際協力銀行間で，温室効果ガス削減事業を一緒に支援しましょうという業務協力を結んでいましたので，その枠組みをうまく使い，許認可を含めてサポートしました．最終的なかたちは，三菱重工が投資し，自らの技術を入れ，国際協力銀行が融資し，それから日本企業が排出権を買うというモデルになっています．

われわれの提案は，技術，ファイナンス，そして排出権購入の3点セットで，トータルソリューションを提供して事業を進めていくことです．排出権を単純に買ってくるのは確かにコストがかかります．しかし，同じ買うのであれば日本企業が投資し，あるいは機械を売る事業から排出権を買うというかたちであれば無駄にはならないし，むしろ，積極的に使えば，日本の輸出や投資を支援するツールになると

思います.これが日本型ビジネスモデルです.

これは民間事業ですから,経済性をちゃんと確保しないといけません.収入源は電力を売ったお金がメインです.排出権を売った収入だけで成立する事業もあります.しかし,一般論の数字として,風力発電などの事業で排出権が得られる場合,うまく行けば事業コストの10%,20%ぐらいを排出権の売却収入でまかなうことができます.

ただ,よく考えてみると,2008年から2012年までのたった5年間しか排出権が生み出せません.京都議定書の仕組みがそうなっているのでしかたありませんが,風力発電などは20年以上使えますから,ほんとうはあと何年分も排出権売却収入が期待できるはずです.2013年以降の世界が見えてくれば,排出権の投資促進効果はもっと大きくなるということがいえるのではないでしょうか.

● 日本の技術を活かす道

いま述べた風力発電は,35メガワットという規模の事業なので,60〜70億円ぐらいの予算です.かなり大きい事業ですから,膨大な準備費用をかけても十分見合うだけの規模でした.ところが,実際にこういう排出権の事業をみると,必ずしも大型のものではなくて,小さな事業,小さな技術がたくさんあるのです.そういうものをどのように実現していくかというところが,われわれの次のビジネスモデルです.われわれの基本は,技術,金融,排出権,この3点セットです.これと同じことを,中国でやろうとしています.

2007年4月の中国の日中省エネフォーラムで合意確認書を調印した事業に,中国における石炭火力を近代化するプロジェクトがあります.中国は,さきほど述べたように,最も近代的な発電装置は世界水準なのですが,ロシア製の古い技術がそのまま使われている効率の悪い発電所がたくさんあるので全体の平均値を下げています.しかも小規模なものが多いのです.

中国の電力の8割弱は石炭火力が生みだしています.自前のエネ

ルギーですし，山元発電といいますが，石炭の炭田で発電する山元発電なので輸送コストを節約できます．コスト競争力があるので，高いシェアをもっています．中国ではエネルギーがたくさん必要になっていますから，原子力発電所を大規模に建設しています．今後20年間では，世界で最もたくさんの原発を建設する国になります．それでも，石炭火力のシェアは下がりません．自前のエネルギーですから，ほんとうに大事に大事に使っていく，それが中国です．そのなかで近代化を図る事業です．

従来の技術はボイラーで石炭を燃やし，次に燃やしたエネルギーを水蒸気やガスに変えて，タービンを回し，その先に発電機があるというというプロセスになります．このプロセスを一気にすべて近代化すると，ものすごく高額のお金がかかります．100億円とか，場合によっては200億円くらいかかります．中国には800か所も石炭火力発電所があります．そこでわれわれが目をつけたのがタービンです．最も簡単に効率化できる部分として，蒸気やガスが羽根を回して熱エネルギーを回転エネルギーに変えるタービンにわれわれは着目しました．ロシア製の古いタービンがうまく回っていないところで，これを日本製のローターにかえるなど，いろいろな技術を使い，近代化，効率化しようということです．

これは，数億円の投資で非常に大きな成果がでます．非常に効果的なのですが，実は別の問題があります．排出権をつくりだすにしろ，融資を得るにしろ，規模が小さいとむずかしい面があります．さきほどのブルガリアの風力発電は60億，70億円といった規模の投資ですから，経費や人手をかけて経済性を調べることができますが，数億円規模だと審査や準備にコストをかけられません．

それでわれわれが工夫しているのは，中国政府とプログラムをつくるということです．中国の中規模の200メガワット，500メガワットくらいの発電所を技術面から診断し，そして，こうするとよくなりますよという改善計画を提案します．彼らが改善計画を実行すれば融

資も出るし，事業が動きだすと排出権というかたちで日本が買うので追加的な収入が入ります．そういう一連の流れをプログラム化することを検討しています．

まず最初に企業の診断をし，そして提案書をつくって，意思決定があり，資金調達，操業支援までを一気に全部プログラム化して実施し，ここに日本の企業が絡んでいくというものです．石炭エネルギーセンターとわれわれが中国側と話をしています．プログラム化をして実際に診断，提案するのは日本の電力会社やメーカーです．中国側と一緒に話をしながら，日本の技術を使えば非常にメリットがあることを説明し，中国側に日本の技術を使ってもらうよう働きかけます．金融がついていれば安心して投資できますので，これは，新しいやり方ではないかと思っています．

省エネ投資では日本企業の競争力は強いと思います．しかし事業ごとにマーケティングするので，ある程度大きな企業，事業が対象になりますが，こういう仕組みができていると小さな投資でももっと入りやすくなります．

ほかにもいろいろな可能性があります．たとえば，高効率変圧器というものがあります．パソコンにも変圧器がついています．さわると温かい，温かいということは，電気エネルギーがパソコンで使われる前に熱になってしまい無駄になっているのです．このロスを小さくすることも一つの技術です．特殊な金属，合金を使うと，この熱ロスが小さくなります．多少価格は高いのですが，この熱のロスを少なくするという技術をもっと使えないかと考えました．たとえば，中国，インド，南アメリカ，ブラジル，そういったエネルギー消費が急激に伸びているような国では電力網も拡張しており，電柱の上にあるような変圧器をたくさん増設しています．それを新しいものに変えると熱効率がよくなり，全体として省エネ効果がでます．この特殊な金属をつくっているのが日本のメーカーで，世界の 90% のシェアを占めています．

国際協力銀行が日本企業と一緒になって考えているのは，日本の企業がもっている特殊な技術を見つけ，それをプログラム化して売ることができないか，ということです．その一つのかぎが，この排出権なのです．排出権というのは追加収入，事業にとってはボーナス収入になります．排出権を活用すれば，企業の関心は高まります．

　夢は大きいのですけれども，プログラム化はけっこう大変です．ただ，こういうやり方をしていかないと，日本の技術のよさが100%発揮されません．日本企業の価格競争力は若干弱まってきていますから，それを補うためには仕組みづくりで相当頑張っていかないといけないだろうと思っています．

● 民間が主役

　1980年代の半ば，日本の国際競争力が非常に強く，貿易黒字が累積し，また，日本からの自動車や機械の輸出も増えて，アメリカと貿易摩擦があった時代がありました．この時代は政策的に見ると非常に大変な時代でした．アメリカとの貿易摩擦問題，そしてもう一つ，アメリカの経済が調子が悪くなった影響を受けて，中南米などの途上国の経済もおかしくなり，深刻な債務問題が起きました．

　途上国はアメリカ，ヨーロッパの金融機関から大量に資金を調達して，それを産業に投資して，産業を興そうとしました．そこからいろいろな製品が生産され，国内で消費されるものもあるだろうし，海外に輸出されるものもあります．つまり，経済が拡大していくなかで，借りたお金を返すというシナリオだったのです．ところが，投資は必ずしも効率的ではありませんでした．思ったほどの効果が出なかったので，借金が返せなくなりました．それが途上国の債務問題といわれるものです．

　日本がそのときに出した提案は，対米貿易摩擦については，アメリカの製造業に日本企業が投資しましょうというものです．自動車でいうとトヨタ，日産などの日本企業がみんな投資したのがこの時代です．

4. 日本のビジネスチャンス ■ *243*

　一方，世界経済を揺るがしかねない途上国の債務問題については，私どもの前身の日本輸出入銀行などを通じて300億ドルという巨額の資金を融資する提案をして，そして実行していったのです．

　私は実はそのとき政府に出向していて，その計画の原案をつくっていました．出向から戻って実際にその実行の一部を担当しました．やってみるとけっこう大変ではありましたが，比較的スムーズにいったのです．

　途上国の経済構造改革による競争力強化はうまくいきました．そのころの途上国は，ほとんどの企業は国営企業，公営企業でした．赤字になったり，投資効率が悪かったのは，公的部門の投資がうまくいかなかったのが原因です．だから解決策は簡単で，不良部門，赤字部門を整理し，民営化を進めることが基本になりました．計画実施を金融面から支援しますが，われわれの交渉相手は途上国の政府です．メキシコ，ブラジル，インドネシア，あるいは東ヨーロッパも借入を行ったのは政府です．われわれは IMF や世銀などと一緒に政府と話をして，そういう構造調整の問題を進めていったのです．

　あのとき日本は大きな困難に直面していましたが，何とかそれを乗り切ることができたのです．日本はいま，国際経済における政策面で大きな危機に瀕しています．何か新しい大きなプログラムを提案していかないといけない．そのときに，だれもが思いつくのがこの過去の成功事例です．参考になりますが，ところが，残念ながらこのやり方は，いまは適用できません．

　それはなぜでしょうか．現在の温暖化問題の最たる原因は，エネルギーの大量消費です．だれがエネルギーを使っているのかを見ると，最も大きいのは企業，民間なのです．エネルギーを使い CO_2 を放出しているのは，基本的には民間部門です．そして，それを効率化するための技術を持っているのも，日本を含めた先進国の民間なのです．温暖化問題を解決していくために実行していくべきことは，途上国の民間と先進国の民間が協力して省エネ，あるいは再生可能エネルギー

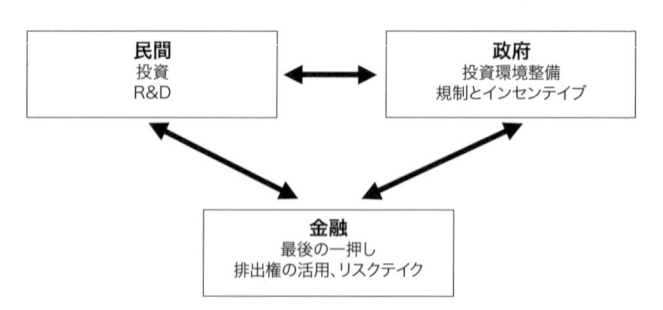

```
┌─────────────────┐         ┌─────────────────┐
│      民間       │◄───────►│      政府       │
│      投資       │         │  投資環境整備   │
│      R&D        │         │ 規制とインセンテイブ │
└─────────────────┘         └─────────────────┘
         ▲                           ▲
          ╲                         ╱
           ╲                       ╱
            ▼                     ▼
          ┌─────────────────────────┐
          │         金融            │
          │      最後の一押し       │
          │ 排出権の活用、リスクテイク │
          └─────────────────────────┘
```

図 7.7　民間・政府・金融の三位一体の脱カーボン戦略

の使用を促進していくことです．

　ところが，国際会議の場で交渉にあたっているのは政府です．ここにギャップがあります．私がいろいろな政府の方，あるいは政策を決定する立場にある方と話をしているのは，この経済構造の変化を確実に理解したうえで，いろいろな政策を考えていく必要があるということです．キャッチコピーとしていうと，「民間が主役！」．エネルギーを使うのも，減らすのも，民間が主役だということです．

　政府がすべきことは何かというと，民間が投資したくなるような投資環境整備をすることだろうと思います．投資環境整備とは一体何かというと，最も簡単でわかりやすいものは規制です．公害防止と同じで，「エネルギー効率がここまで達していなければ生産してはならない」，「達していない製品を売ってはいけない」，あるいは「何年以内に改善しなさい」，そういう規制が最も効果的です．

　もう一つは，目標をつくり，頑張るよう誘導するということです．頑張っている人にはご褒美をあげる．そのご褒美の一つが排出権でしょうし，あるいは金融の融資条件における優遇条件です．これがインセンティブになります．そういう政策の組み合わせで，民間企業が省エネ投資をしていく方向に向けていく．このような環境を整備するのが，政府の役割だろうと思います．

「小さな政府」といわれていますが，まさしく温暖化においても同じ状況があると私は思います．ルールメーカーになる，ルールをつくっていく，これが大事だろうと思います．私どもの金融というのはいろいろなことをいっていますが，われわれは最後の一押しとしてお役には立っていますが，残念ながら主役ではありません．しかし，なくてはならないものです．民間，政府，金融，この3者が一体となって取り組む，これがわれわれの理想の姿です．

Public Private Partnership（官民連携）とよくいいますが，これからは Public Private Financial Partnership だと思います．

5. 日本の進むべき方向

● 日本に有利なルールづくりを

これを踏まえて，日本の国益という観点からもう少し細かく私が見て肌で感じている状況を述べたいと思います．日本企業の国際競争力は明らかに低下しています．最大の理由は20年前，30年前と比べた場合，人件費などを含めたコストの上昇です．30年前であれば，たとえば，発電所をつくる事業があったとすると，日本企業は優秀な技術プラス価格競争力で勝負できました．ところがいまは，価格競争力では勝負できません．韓国，中国のほうが安いのです．優れた技術があっても，価格で負けていては勝てません．

人件費が上がることは国民が豊かになっていることであり悪いことではありません．しかしこういう状況のなかでなんとか勝ちパターンをつくための変化が必要であり，そこにでてくるのがルールづくりです．よく私が例にひくのは，スポーツです．たとえば，長野オリンピックのとき，日本選手がジャンプ競技でたくさんメダルをとりました．しかし，それ以降は上位に上がれていません．ルールの変更があったのです．ルールの変更があると，いままで勝てた人間が勝てなくなるのです．これを逆に考えれば，ルールが日本企業に有利になれば，日

本企業は勝てるということです．いままでのビジネスはルールがあり，日本企業はそのルールに合わせて，頑張ってコストを下げて勝てるようにしていったのです．ただ，いまいったように全般的に競争力が落ちていますから，こういうやり方はもう使えません．日本発で，日本にとって有利な省エネのルールをつくっていく．これがいま求められているのだろうと思います．

　実際にこれは鉄，セメント，エアコンなど，いろいろなところで日本企業が取り組んでいます．具体的には技術や工場のエネルギー効率の比較を行うのです．しかし，比較といっても単純ではありません．たとえば，高炉を使って鉄をつくるときに，どれだけエネルギーを使ったか，CO_2をだしたかといったときに，普通は工場単位で考えます．ところが，国や会社によって分業のし方は違うらしいのです．高炉を使って生産する場合，コークスという純度の高い石炭を使いますが，日本は，コークスの生成は内製化しているのです．アメリカ，欧州ではコークスは専門会社から買う場合も少なくありません．単純に比較できないということです．製品単位で，あるいはプロセス単位で技術を比較するルールづくりはすごく大変ですが日本企業はいま，一つずつそれをやっています．そういう積み上げを行い，次はルール化していくことが必要です．日本企業にとって有利なルールにしていくことが求められているし，実際にいま，われわれが取り組んでいることです．

● **チャンスとしての環境ビジネス**

　アジア太平洋パートナーシップ（APP）というアメリカ主導のプログラムがあります．アメリカ，オーストラリア，日本，韓国，中国，インドの6か国にカナダも加わりました．日本を除けば京都議定書に加盟していないか，加盟していても削減目標が義務化されていない国々です．技術協力を通じて気候変動問題を解決していこう，縮小均衡にならないように，拡大均衡のなかでそれを実現しようという目的をもっています．政府に技術の省エネ基準，日本が有利になるような

ルールをつくってもらう，そのためのデータや考え方は産業界が出し，われわれがそれを後押しするような仕組みも検討しています．

　環境ビジネスというのは非常に大きなビジネスチャンスです．企業にもこの状況をよく把握していただいて，コストと考えるだけでなくて，ビジネスチャンスと考えてほしいと思います．そして低カーボン社会へのスムーズな適応を遂げるための戦略，CO_2戦略を早急に立てて取り組むことが，日本企業が国際競争のなかで勝ち残っていくための条件になるのではないかという気がします．

参考文献

第1講

戒能一成・西條辰義・大和毅彦 (2000),「京都議定書上の排出量取引等に対するEUの数量制約提案の経済的帰結」, エネルギー・資源 Vol. 21(2), 38–42

草川孝夫・西條辰義 (2000),「地球温暖化：環境鎖国の経済的帰結」, 経済セミナー2000年12月号, 36–41

草川孝夫・西條辰義 (2005),「地球温暖化対策の国内制度設計と3つのパラドックス」, 経済セミナー2005年5月号

西條辰義 (2000),「排出権取引：理論と実験」, フィナンシャル・レビュー第53号, 28–57

西條辰義・安本晧信 (2002),「広く薄い炭素税では失敗する」, エネルギーフォーラム2002年7月, 56–58

西條辰義編著(2006),『地球温暖化対策：排出権取引の制度設計』, 日本経済新聞社

西條辰義(2006),「京都議定書を順守するには？」, 論座2006年3月号, 124–131

西條辰義 (2006),「温暖化ガスの削減目標達成」, 日本経済新聞経済教室, 2006年3月29日

西條辰義・濱﨑 博 (2007),「排出分の責任取る制度を：国情に応じ再分配」, 日本経済新聞経済教室, 2007年6月20日

西條辰義 (2008),『気候変動対策の制度設計に向けて』, 日本原子力学会誌 Vol.50, No.11, 701–5

西條辰義 (2008),「地球温暖化：我々はどこにむかっているのか」, 公衆衛生 Vol.72, No.12, 952–5

西條辰義・新澤秀則 (2009),「排出権取引の制度設計：世界の経験と日本の試行」, Business & Economic Review 2009年2月号

西條辰義(2009),「動き出した排出権取引：急がれる制度設計」, 日本経済研究センター会報2009年2月号

新澤秀則・西條辰義 (2000),「京都メカニズムの意義と課題」, 平岩外四監修,『地球環境2000–01』, 169–186, ミオシン出版

第2講

浅岡美恵編著 (2009),『世界の地球温暖化対策：再生可能エネルギーと排出量取引』, 学芸出版社

新澤秀則(2003–2004),「連載 排出権取引の経済学①〜⑪」, 経済セミナー No.579〜590, 2003年4月号〜2004年3月号

新澤秀則 (2006),「第2章 各国の温暖化対策の現状」, 西條辰義編著,『地球温暖化対策 排出権取引の制度設計』, 日本経済新聞社, 87–128

新澤秀則 (2009),「排出権取引の制度設計：どのような排出権取引を目指すか」, 経済セミナー No.645, 2009年1月号, 37–42

第3講

NEDO (2007),「プレスリリース：平成18度京都メカニズムクレジット取得事業の結果について」, 2007年4月13日, <http://www.nedo.go.jp/kyoumeka/press/index.html> (2009年8月現在)

NEDO (2008),「プレスリリース：平成19度京都メカニズムクレジット取得事業の結果について」, 2008年4月11日, <http://www.nedo.go.jp/informations/press/08-04-06.html> (2009年8月現在)

明日香壽川 (2007),「豊かさと公平性をめぐる攻防—国際社会はポスト京都にたどり着けるのか—」, 世界2007年9月号, 121-132, 岩波書店

明日香壽川・堀井伸浩・小島道一・吉田 綾 (2007),「中国と日本：エネルギー・資源・環境をめぐる対立と協調」, 中国環境問題研究会編,『中国環境ハンドブック2007-2008』, 61-102, 蒼蒼社

明日香壽川 (2008),「中国の温暖化対策国際枠組み「参加」問題を考える」, 季刊環境研究 No.150, 26-37, 日立環境財団

明日香壽川 (2008),「温暖化交渉サミットの成果と今後の展望：セクター別アプローチをめぐる混乱を超えて」, 世界2008年9月号, 82-94, 岩波書店

明日香壽川 (2008),「排出量取引制度：根拠乏しい批判の背景に企業の本音」, エネルギー・レビュー2008年8月号, 12-13, エネルギー・レビューセンター

明日香壽川・吉村 純・増田耕一・河宮未知生・江守正多・野沢 徹・高橋 潔・伊勢武史・川村賢二・山本政一郎(2009),「地球温暖化問題懐疑論へのコメント Ver. 3.0」

明日香壽川 (2009),「日本政府によるカーボン・クレジット活用策の比較評価および発展経路：国内排出量取引制度と京都メカニズム・クレジット取得事業を中心に」, 環境経済・政策研究 Vol.2, No.1, 1-15

明日香壽川 (2009)「クリーン開発メカニズムの現状と課題」, 研究センター編,『カーボン・マーケットとCDM』,『環境・持続社会』, 15-34, 築地書館

地球産業文化研究所 (2007),『中小事業者の温暖化対策の促進に関する調査研究委員会報告書』, 2007年3月, 7

地球温暖化対策推進本部 (2008),「排出量取引の国内統合市場の試行的実施について(案)」, 平成20年10月21日 地球温暖化対策推進本部決定案, <http://www.kantei.go.jp/jp/singi/ondanka/kaisai/081021/gijisidai.html> (2009年8月現在)

二宮康司 (2007),「環境省自主参加型国内排出量取引制度の概要とその意義」, クリーンエネルギー第16巻, 第2号, 1-8

第4講

IPCC (2007), IPCC第4次評価報告書, <http://www.ipcc.ch/> (2009年8月現在)

IPCC 国別温室効果ガスインベントリープログラム, <http://www.ipcc-nggip.iges.or.jp/> (2009年8月現在)

国連気候変動枠組条約関連文書, <http://unfccc.int/2860.php> (2009年8月現在)

Stern, N. (2007), *The Economics of Climate Change: The Stern Review*, Cambridge University Press

第5講

戒能一成（2006），「「トップランナー方式」による省エネルギー法家電機器効率基準規制の費用便益分析と定量的政策評価について」，RIETI DP 06-J-025

戒能一成（2007），「「トップランナー方式」による省エネルギー法乗用車燃費基準規制の費用便益分析と定量的政策評価について」，RIETI DP 07-J-006

戒能一成（2007），「省エネルギー法に基づく業務等部門建築物の省エネルギー判断基準規制の費用便益分析と定量的政策評価について」，RIETI DP 07-J-042

第6講

小西雅子・清水雅貴・山岸尚之共著（2008），「世界に広がる排出量取引制度」，経済セミナー 2008年6月号，日本評論社

産業構造審議会・総合資源エネルギー調査会・自主行動計画フォローアップ合同小委員会・中央環境審議会・自主行動計画フォローアップ専門委員会（2007），「2007年度自主行動計画フォローアップ結果及び今後の課題等」，2007年11月

諸富　徹・鮎川ゆりか編著（2007），『脱炭素社会と排出量取引：国内排出量取引を中心としたポリシー・ミックス提案』，日本評論社

David Suzuki Foundation, Pembina Institute, WWF Canada (2009), Comments to the Government of Ontario on the Development of a Cap and Trade System for Reducing Greenhouse Gas Emissions in Ontario [March, 2009]

EU (2009), Press Release, "Emissions Trading: EU ETS emissions fall 3% in 2008" May 15, 2009

Gupta, S., D. A. Tirpak, N. Burger, J. Gupta, N. Höhne, A. I. Boncheva, G. M. Kanoan, C. Kolstad, J. A. Kruger, A. Michaelowa, S. Murase, J. Pershing, T. Saijo, A. Sari (2007), Chapter 13, Policies, Instruments and Cooperative Arrangements, In: *Climate Change 2007, Mitigation. Contribution of Working Group III to the Fourth Assessment Report of the Intergovernmental Panel on Climate Change* [B. Metz, O.R. Davidson, P.R. Bosch, R.Dave, L.A.Meyer (eds)], Cambridge University Press, 745-807

IEA (2006), *Energy Technology Perspectives 2006, Scenarios and Strategies to 2050*, OECD/IEA

Innovest (2007) *Carbon Disclosure Project Report 2007, Groval FT500*

IPCC (2007), Summary for Policymakers. In: *Climate Change 2007: The Physical Science Basis. Contribution of Working Group I to the Fourth Assessment Report of the Intergovernmental Panel on Climate Change* [Solomon, S., D. Qin, M. Manning, Z. Chen, M. Marquis, K.B. Averyt, M. Tignor and H.L. Miller (eds.)]. Cambridge University Press

IPCC (2007), Summary for Policymakers. In: *Climate Change 2007:Impacts, Adaptation and Vulnerability, Contribution of Working Group II to the Fourth Assessment Report of the Intergovernmental Panel on Climate Change*, [M.L. Parry, O.F. Canziani, J.P. Palutikof, P.J.van der Linden and C.E. Hanson (eds.)], Cambridge

University Press, 7-22
IPCC (2007), Summary for Policymakers. In: *Climate Change 2007: Mitigation. Contribution of Working group III to the Fourth Assessment Report of the Intergovernmental Panelon Climate Change* [B. Metz, O.R. Davidson, P. R. Bosch, R. Dave, L.A. Meyer (eds)], Cambridge University Press
Leemans, R and Eickhout, B. (2004), Another reason for concern: regional and global impacts on ecosystems for different levels of climate change. *Global Environmental Change* 14, 219-228
Matthes, F. Chr. (2004), *Greenhouse Gas Emissions Trading, Outline of an Emissions Trading Scheme for Japan*. WWF/Oeko Institut e.V.
O'Conner, D. and Weiss, J. (2009), Sensible Climate Legislation. January 5, 2009. Boston Globe
Wormworth, J. and Mallon, K. (2006), *Bird Species and Climate Change: The Global Status Report*. Climate Risk Pty. Ltd.
WWF (2006), *Living Planet Report 2006*, WWF International
WWF International Arctic Programme (2005), *2 degrees too much! Evidence and Implications of Dangerous Climate Change in the Arctic* [edited by Lynn Rosentrater]
WWF Nepal Program (2005), *An Overview of Glaciers, Glaciers Retreat, and Subsequent Impacts in Nepal, India, and China* [coordinated by Sandeep Chamling Rai]

第7講

IGES (2009),『図解 京都メカニズム』, http://www.iges.or.jp/jp/cdm/report.html (2009年8月現在)

西条辰義編著 (2006),『地球温暖化対策−排出権取引の制度設計』, 日本経済新聞社

本郷 尚,「排出量取引 世界は今」, 日経エコロミーに連載, http://eco.nikkei.co.jp/column/carbon-now/index.aspx (2009年8月現在)

本郷 尚,「日経JBIC排出量取引気配」, 日経エコロミーに連載, http://eco.nikkei.co.jp/NJCI/index.aspx?cid=ecow_topics (2009年8月現在)

諸富 徹・鮎川ゆりか編著 (2007),『脱炭素社会と排出量取引:国内排出量取引を中心としたポリシー・ミックス提案』, 日本評論社

索　引

■ 英数字 ■

2℃　　　　　　　　　*184, 190, 191, 192*
AR4　　　　　→ IPCC 第 4 次評価報告書
AWG-KP（京都議定書アドホック・ワーキンググループ）　　*134, 135*
AWG-LCA（長期協力行動に関するアドホック・ワーキンググループ）　*134*
BAT（Best Available Technology）
　　　　　　　　　　　　91, 92, 202
BAU（Business As Usual）
　　　　　　　　17, 20, 21, 57, 89
Carbon Disclosure Project (CDP)　*209*
CCS（Carbon dioxide Capture and Storage）　　*117, 118, 134, 221, 222*
CDM　　　　　→クリーン開発メカニズム
CO_2
　　——濃度　　　　　　　*42, 74, 78*
　　——の回収・貯留　　　　　　→ CCS
　　——の地下貯留　　　　　　　→ CCS
CO_2 排出量　*78, 84, 89, 91, 112, 216, 218*
　　——の予測　　　　　　　　　　*219*
　　主要国の——　　　　　　　*2 〜 10*
　　GDP あたりの——　*4, 5, 7, 9, 82, 84, 85*
　　1 人あたりの——　*3, 5 〜 7, 9, 82, 84, 86*
COP（気候変動枠組条約締約国会議）
　　　　　　　46, 50, 109, 113, 127, 130
　　　　　　　136, 191, 195, 196, 210
EU　　　　　*2, 4, 9, 15, 22, 23, 32, 37,*
　　　　　　　38, 58, 82, 84, 86, 88, 90,
　　　　　　　92, 94, 181, 193, 194,
　　　　　　　196, 199, 201, 202, 205,
　　　　　　　213, 214, 218, 220, 224, 225
EU-ETS（EU 域内排出権取引制度）
　　　　　22, 26, 31, 61 〜 70, 87, 154
　　　　　160 〜 166, 170, 177, 178, 191
　　　　　207, 208, 214, 224 〜 228
GDP あたりのエネルギー消費量　　*85*
GIS（グリーン投資スキーム）　　　*104*
IPCC（気候変動に関する政府間パネル）
　　　　　　　　　35, 78, 109 〜 114,
　　　　　　　　　127, 129, 186, 195, 212
　　——インベントリープログラム　*127*
　　——第 4 次評価報告書（AR4）
　　　　　　　　　35, 37, 42, 75, 118,
　　　　　　　　　127, 132, 189, 191, 192
JI　　　　　　　　　　　　→共同実施
JVETS（環境省自主参加型国内排出権取引制度）　*94, 95, 98 〜 100, 102, 104*
KMCAP（Kyoto Mechanism Credit Acquisition Program）
　　　　　　　　　　　95, 99, 101, 105
MRV（measurable, reportable and verifiable）　　　　　　　　　　*130*
no-lose 目標　　　　　　　　　　　*89*
Public Private Financing Partnership
　　　　　　　　　　　　　　　　245
REDD（Reducing Emission from Deforestation and Forest Degradation in Developing Countries）　*115, 132*
RPS 法　　　　　　　　　　　　*202*
SPM（政策決定者のための要約）　*118*
SRES（Special Report of Emission Scenarios）　　　　　　　　　*116*
Synthesis Report（統合報告書）　*118*
VER（Verified Emission Reduction）
　　　　　　　　　　　　　92, 93, 102

■ あ 行 ■

アップデーティング　　　　　　　　67
アロワンス　　　　　　　62, 63, 65～69
アンブレラグループ　　　　　　　　7
ウインドフォール・プロフィット　　67
エネルギー安全保障問題　　　　　106
エネルギー効率　　　　　170, 171, 172,
　　　　　　　　192, 199, 223, 244, 246
エネルギー転換　198, 205, 206, 224, 228
黄金律　　　　　　　　　　　　　82
オークション　26, 27, 53, 58, 65, 67, 69,
　　　　　　　　　70, 161,192, 206, 214
温室効果　　　　　　　　　　　　74
温暖化対策　　1, 11, 13, 33, 41, 57, 59, 67,
　79, 80, 106, 124, 137, 194, 202, 204,
　205, 209, 210, 217, 221, 236, 237
温暖化問題懐疑論　　　　　　　　73

■ か 行 ■

カーボンオフセット　　92, 93, 102, 103,
　　　　　　　　　　104, 107, 232, 237
カーボンニュートラル　　　　　　216
カーボンフリー　　　　102, 233, 234, 235
カーボンマイナス東京10年プロジェクト　213
海面上昇　　　　　　75, 80, 110, 111,
　　　　　　　　　　118, 123, 187～189
拡大する排出権市場　　　　　　　225
ガバナンス社会　　　　　　　　　210
下流型　　　　　　　　　　32, 33, 205
環境 NGO　　　　　　　　　　135, 183
環境税　27, 58, 154, 155, 160, 166, 168,
　　　　169, 178, 179, 204, 209, 211
環境保全性パラドックス　　　　　23
緩和　　　　　　　　167, 177, 186, 191
気候変動に関する政府間パネル　→ IPCC
気候変動法　　　　　　　　　　　212
気候変動枠組条約　　　　10, 11, 23, 81,
　　　　　　　　　　113, 131, 217
　——締約国会議　　　　　　　→ COP
基軸通貨　　　　　　　　　　　　227
キャップ（排出上限）23, 27, 37, 87, 89,
　　　　　　　　　　90, 125, 206

キャップ&トレード　86, 87, 88, 206,
　　　　　　　　　　207, 214, 220
共同実施（JI）　　　11, 13, 93, 126,
　　　　　　　　　135, 195, 204
京都議定書
　——アドホック・ワーキンググループ
　　　　　　　　　　　　　→ AWG-KP
　——の精神　　　　　　　　　　　11
　——の第 1 約束期間　　1, 13, 128, 161
　——の目標　　　1, 12, 13, 20, 23, 25,
　　　　　　27, 32, 39, 56, 59, 62,
　　　　　　64, 92, 95, 103, 228
　——の約束期間　　　　　　　62, 68
　——の約束排出量　　　　　　　　19
　——目標達成計画　　　　　22, 195,
　　　　　　　　　196, 202, 205, 229
京都メカニズム　　11, 13, 22, 23, 56, 60
　　　　　　　　126, 135, 195, 196, 217
クールアース50（美しい星50）35, 76, 132
国別総量削減方式　　　　　　　　211
クリーン開発メカニズム（CDM）11, 13,
　23, 28, 56, 63, 90, 93, 101, 125, 126,
　　　　135, 195, 204, 206, 212, 230, 233
グリーン電力証書　　　　　　102, 103
経済的手法　　　　　　　　　　　197
限界削減費用　　　17～21, 43, 51, 52, 55
研究開発投資　　　138, 141～146, 149,
　　　　　　150, 152, 153, 155, 156,
　　　　　　163, 171, 173, 179
原単位目標　　　　　　　89, 197, 211
公平（性）　　　　16, 40, 45, 46, 59, 69,
　77～79, 81～83, 87, 107, 205, 210
衡平の原則　　　　　　　　　11, 23,
国際炭素取引協定（ICAP）　208, 213
国際連合排出権取引システム（UNETS）
　　　　　　　　　　　　　　33～35
国内版 CDM 理事会　　　　　　　206
固定価格電力買取法　　　　　　　203
コンプライアンス・マーケット　　92

■ さ 行 ■

差異化　　　　　　　　　　　　　82
再生可能エネルギー　87, 159, 202, 203,

索 引 ■ *255*

	219, 238, 243
最大許容排出量	*205*
自主行動計画	*94, 125, 126, 191, 196, 197,*
	202, 224, 228, 229, 231,
市場の失敗	*174〜176, 179*
持続可能な開発	*10*
需要者余剰	*19*
主要経済国会議（MEM）	*194, 213*
主要経済国フォーラム（MEF）	*213*
省エネルギー量取引	*207*
新規排出源用取り置き分	*206*
信用保証協会	*207*
森林吸収源	*195*
スターン・レポート	*126*
スティグリッツ・パラドックス	*24*
正義論	*77, 82*
政府の失敗	*175, 176, 179*
赤外線の吸収	*74*
セクター別	
――アプローチ	*88〜92, 132, 136*
――目標	*89, 211*
先進国責任論	*222*
「総量削減義務と排出量取引制度」	*213*
総量目標	*86, 88*

■ た 行 ■

第11次5ヵ年計画	*81*
棚ぼた利益	*67*
ダブルカウント	*206*
炭素管理	*209*
炭素税	*11, 12, 25, 27, 58, 87,*
	155, 160, 166〜170, 178, 192
共通――	*20〜22, 61, 88*
統一――	*166*
地球温暖化対策推進大綱	*195*
地球温暖化対策の推進に関する法律	
	195, 209
地球規模での費用対効果	*10*
中期目標	*39, 193, 212, 213*
長期協力行動に関するアドホック・ワーキンググループ	→ AWG-LCA
長期目標	*194, 219*
直接排出量	*197*

追加性	*96, 97, 206*
低カーボン社会への好循環	*232, 233*
低炭素社会	*133*
適応	*41, 110, 111, 118, 134, 189*
東京都環境確保条例	*213*
投資回収年数	*97*
トップランナー（基準，方式，制度）	
	155, 158, 160,
	170〜175, 179, 201, 204

■ な 行 ■

日本経団連	*88, 98, 197, 210〜212*
	224, 228, 231
日本型ビジネスモデル	*239*
日本に有利なルールづくり	*245*
燃料転換	*98, 204*

■ は 行 ■

排出権	
―― 価格	*16〜19, 66, 70,*
	162〜165, 177, 226
―― 市場	*59, 185, 228, 231, 234*
―― 取引実験	*29*
―― 取引指令	*61*
―― の初期配分	*49〜51, 58〜60,*
	63〜65, 67〜70, 205
―― 割当	*153〜155,*
	157, 158, 166, 177
排出権取引制度	*86〜88, 103〜107, 177*
EU（域内）――	→ EU-ETS
環境省自主参加型国内――	→ JVETS
上流還元型――	*25〜27, 37*
排出量	
―― 取引	*192, 194, 195*
	206〜211, 213, 214
―― のピーク	*192*
排出枠	*56, 192, 204, 206〜208, 214, 227*
罰金	*63, 158, 160, 162,*
	164, 165, 171, 178
バリ・アクション・プラン（バリ行動計画）	
	129, 131, 132, 135
バリ・コミュニケ	*210*
ハリケーン・カトリーナ	*79, 187*

費用最小化	43, 48		ポリシーミックス	205
不都合な真実	75		ホワイトサティフィケート	207
施設の閉鎖	68			
ベースライン＆クレジット			## ■ ま, や 行 ■	
	206〜209, 215		マルチ・ステークホルダー	210
——・リザーブ	206		マルチ・ステージ・アプローチ	84
ベンチマーク	69, 104, 227		「民間が主役！」	244
放射強制力	120		約束期間リザーブ	22
方法論	206, 217, 222, 225			
ポーター仮説	192		## ■ ら, わ 行 ■	
補完性	22, 23		リーケージ・パラドックス	24
ホットエア	56, 63, 64, 70, 71, 105		リーバーマン・ワーナー法案	194
ボランタリーマーケット	92		ワクスマン・マーキー法案	213

■ 著者

西條　辰義
大阪大学社会経済研究所　教授

略　歴
1985 年ミネソタ大学大学院経済学研究科修了，Ph.D. オハイオ州立大学経済学部，カリフォルニア大学サンタバーバラ校経済学部，ワシントン大学政治経済学センター，筑波大学社会工学系などを経て 1995 年より現職．The Society for Social Choice and Welfare (2004–), The Economic Science Association (2008–10) の理事．学術雑誌 *Experimental Economics* (1997–2007), *Economics Bulletin* (2003–), *International Journal of Business and Economics* (2001–), *International Journal of Sustainable Economy* (2008–), *International Economic Review* (1997–), *Review of Economic Design* (1998–), *Social Choice and Welfare* (1997–), *Sustainability Science* (2006–)などの編集委員．

主　著
"Reexamining the Relations between Socio-demographic Characteristics and Individual Environmental Concern: Evidence from Shanghai Data" (共著，*Journal of Environmental Psychology* 28, pp.42-50, 2008), "Secure Implementation Experiments: Do Strategy-proof Mechanisms Really Work?" (共著，*Games and Economic Behavior* 57, pp.206-235, 2006)．"Choosing a Model out of Many Possible Alternatives: Emissions Trading as an Example" (*Experimental Business Research*, Vol.II, pp.47-81, 2005), "Does the Varian Mechanism Work?: Emissions Trading as an Example" (*International Journal of Business and Economics* Vol. 2, No. 2, August 2003, pp.85-96), "Agent-based Simulation of Emissions Trading: Evaluation of Non-compliance Penalty and Commitment Period Reserve" (D. A. Post (ed.), *MODSIM 2003 Volume 3: Socio-Economic Systems*, pp.1107-1112, Modelling and Simulation Society of Australia and New Zealand Inc., 2003), "Emissions Trading Experiments: Investment Uncertainty Reduces Market Efficiency" (共著，T. Sawa (ed.), *International Frameworks and Technological Strategies to Prevent Climate Change*, Springer-Verlag, pp.45-65, 2003), "A Voluntary Participation Game with a Non-Excludable Public Good" (*Journal of Economic Theory*, Vol.84, pp.227-242, 1999)

新澤　秀則
兵庫県立大学経済学部教授

略　歴
昭和 56 年大阪大学工学部環境工学科卒業．大阪大学工学博士．専門は環境経済学，特に環境保全のためのメカニズム研究

主　著
排出権取引に関する論文として，「第 3 章　地球環境の保全と京都メカニズム」(天野明弘・森田恒幸編著『岩波講座「環境経済・政策学」第 6 巻　地球環境問題とグローバルコ

ミュニティ』,岩波書店,2002 年).「連載 排出権取引の経済学①〜⑪」(『経済セミナー』No.579 〜 590, 2003 年 4 月号〜 2004 年 3 月号),「第 2 章 各国の温暖化対策の現状」(西條辰義編著『地球温暖化対策 排出権取引の制度設計』,日本経済新聞社,2006 年),「日本に適した排出削減策とは」(西條辰義と共著,『Business & Economic Review』Vol.19 No.2, 2009 年 2 月号).ホームページアドレス:http://homepage1.nifty.com/niizawa/

明日香 壽川
東北大学東北アジア研究センター教授(環境科学研究科教授兼任)

略 歴

東京大学大学院農学系研究科農芸化学専攻で農学修士号,欧州経営大学院(INSEAD)で経営学修士号,東京大学大学院工学系研究科先端学際工学専攻で博士号を取得.スイス実験外科医学研究所研究員,(株)ファルマシアバイオシステムズ管理部プロジェクトマネージャー,(財)電力中央研究所経済社会研究所研究員などを経て現職.ほかに京都大学経済研究所客員助教授,朝日新聞アジアネットワーク客員研究員などを歴任.専門は,環境科学政策論.第 32 回山崎賞受賞(2006 年)

主 著

『中国環境ハンドブック 2009-2010 年版』(共著,蒼蒼社,2009 年)など多数

平石 尹彦
地球環境戦略研究機関(IGES)理事・上級コンサルタント

略 歴

1968 年 3 月東京大学工業化学修士,労働省入省.1971 年環境庁へ.有害化学物質対策調整官,水質規制課長など歴任.ケニア大使館(環境・技術協力),OECD 環境局等を経て,1998 年まで国連環境計画(UNEP)事務局勤務.2009 年 5 月 現在,地球環境戦略研究機関(IGES)理事・上級コンサルタント,気候変動に関する政府間パネル(IPCC)ビューロー委員・温室効果ガス・インベントリータスクフォース共同議長など

戒能 一成
独立行政法人経済産業研究所研究員

略 歴

1987 年,東京大学工学部資源開発工学科卒業,同年通商産業省(当時)入省.2002 年,独立行政法人経済産業研究所研究員.2004 年 IPCC-NGGIP Energy Lead Author 他併任・兼職多数.専門は,制度設計工学,計量経済学,空間経済学

主 著

「総合エネルギー統計の解説」(RIETI, 2005年), 他 http://www.rieti.go.jp/users/kainou-kazunari/ に多数収録

鮎川　ゆりか
Office Ecologist 代表(2008年10月設立), 気候変動とエネルギー・コンサルタント

略 歴

1971年, 上智大学外国語学部英語学科卒業後, 出版社, フリーの通訳・翻訳等を経て1988年～1995年まで原子力資料情報室にて国際関係担当. 1996年ハーバード大学院環境公共政策学修士修了. 1997年1月より2008年4月まで WWF 気候変動プログラムに従事. 国連気候変動枠組条約締約国会議で, 京都議定書のルールを決め, 批准, 発効とその軌跡を追ってきた. また国内削減を進めるための削減政策提言, 国内排出量取引制度の提案, 産業界と共に削減を目指すクライメート・セイバーズ, 自然エネルギーの普及促進などに従事. 衆参両議院の環境委員会などで参考人意見陳述. 環境省の京都メカニズム検討会, 中央環境審議会の施策総合企画小委員会,「持続可能なアジアの環境人材育成検討会」委員. 2001年より上智大学非常勤講師, 2007年度より, 埼玉大学, 恵泉女学園大学で非常勤講師. 大阪大学サステナビリティ・サイエンス研究機構特任教授. 2007年2月より2008年12月まで「2008年G8サミット NGO フォーラム」副代表. 論文に,「気候変動と企業行動」, 功刀達郎・野村彰男編著『社会的責任の時代』(第13章)(東信堂, 2008年)など多数

主 著

『脱炭素社会に向けた排出量取引』(諸富徹との編著, 日本評論社, 2007年), 翻訳 M・ザイラー／C・キュッパーズ著『プルトニウム燃料産業』(七ツ森書館, 1995年)他

本郷　尚
日本政策金融公庫　国際協力銀行　特命審議役環境ビジネス支援室長

略 歴

1981年早稲田大学政治経済学部卒業, 日本輸出入銀行(当時)入行. 経済企画庁, ソ連東欧向融資担当, 日本興業銀行出向, 中近東アフリカ担当課長, 環境審査室課長を経て2002年フランクフルト首席駐在員. 2006年10月より現職.
国際協力銀行環境ガイドラインの制定, JI 研究会運営（フランクフルト首席駐在員当時), 排出量取引プラットフォーム運営, 日経 JBIC 排出量取引参考気配運営などを行う. カーボンエキスポ, 国連環境計画, 国際環境議員連盟（グローブインターナショナル), 国際エネルギー機関などで講演多数

主 著

"Japan Carbon market is emerging" (2008年9月, Gerald Wynn (ed.), *Managing Risk in Global Carbon Markets*, Thomson Reuters, 2008の第23章), "Voluntary Energy

Efficiency Target and Environment Finance"(2008年10月にワシントンで開催された世銀IMF総会時にIFC・JBICのセミナーで初めて配布,その後も継続的に会議などで配布),"The role of the Market Mechanism and the Private Sector for the Transition to Low Carbon Economy"(Climate Change Green Opportunities: Business Society and Cooperation, the Chinese Taipei Pacific Economic Cooperation Committee, Session 11, 2008),「排出量取引 世界は今」日経エコロミー(オンラインサイト,2008年6月より連載),「今月の排出量価格」日経エコロジー(2009年1月より連載),「究極の資源・水 新しいビジネスモデルでチャレンジ」時事トップコンフィデンシャル(2009年4月)

■ 編 者

「環境リスク管理のための人材養成」プログラム推進本部代表
盛岡　通
大阪大学大学院工学研究科 教授(当時)
(現 関西大学都市工学部 教授)

略　歴
1969年京都大学工学部卒業,同年大阪大学工学部助手就任,1974年京都大学大学院工学研究科博士課程単位取得(昭和50年1月 京都大学工学博士),1976年大阪大学工学部助教授,1993年大阪大学工学部教授,1998年大学重点化により大阪大学大学院工学研究科教授,2009年関西大学都市工学部教授,現在に至る.
環境・エネルギー工学専攻長,学科長(2004～2006年),大阪大学サステイナビリティ・サイエンス研究機構企画推進室室長(2006年～2008年),大阪大学大学院工学研究科附属オンサイト研究センター センター長(2008年)

主　著
『入門 サステイナビリティ学 第Ⅲ部第8章循環型社会の構築:日本の経験とアジア循環への視点―中国の循環経済との比較を通じて』(ダイヤモンド社,2008年),『リスク学事典』(TBSブリタニカ,2000年)

■ 事務局(出版担当)

加藤　悟・松井　孝典

シリーズ　環境リスクマネジメント

地球温暖化の経済学

2009 年 11 月 4 日　初版第 1 刷発行　　　　　［検印廃止］

著　者　西條 辰義，新澤 秀則，
　　　　明日香 壽川，平石 尹彦，
　　　　戒能 一成，鮎川 ゆりか
　　　　本郷 尚

編　集　「環境リスク管理のための人材養成」プログラム

発行者　鷲田 清一

発行所　大阪大学出版会
　　　　〒565-0871　吹田市山田丘 2-7
　　　　　　　　　　大阪大学ウエストフロント
　　　　電話・FAX：06-6877-1614
　　　　URL：www.osaka-up.or.jp

印刷・製本所　　(株)遊文舎

© Tatsuyoshi Saijo *et al.* 2009　　　　　Printed in Japan
　　　　ISBN 978-4-87259-283-2　C3336

R〈日本複写権センター委託出版物〉
本書を無断で複写複製（コピー）することは，著作権法上の例外を除き，禁じられています．本書をコピーされる場合は，事前に日本複写権センター（JRRC）の許諾を受けてください．
　JRRC〈http://www.jrrc.or.jp　e メール：info@jrrc.or.jp　電話：03-3401-2382〉